普通高等学校机械基础课程规划教材

互换性与技术测量学习与实验指导

主　编　杨练根

副主编　刘文超　李　伟

华中科技大学出版社

中国·武汉

内 容 简 介

“互换性与技术测量”课程是高等工科院校机械类、近机类、仪器仪表类专业的一门主要的技术基础课，概念多、涉及面广，牵涉的国家标准多且标准更新快。本书根据最新的几何产品技术规范标准编写而成，给出了“互换性与技术测量”各章的学习指南，明确了各章的学习内容与要求、重点和难点，并对重点和难点进行了解读，然后通过例题剖析进一步对这些重点和难点进行了讲解。同时，根据最新国家标准，结合我国高校和企业的测量现状，给出了常见几何量测量的实验指导。

本书的特点是明确了“互换性与技术测量”课程的学习要求、重点和难点，并以一级减速器为例，将各章内容前后串成一线。在实验指导书中，尽量反映了我国现行的国家标准，摒弃了不符合国家标准的内容和落后的实验内容。

本书可作为工科院校机械类、近机类、仪器仪表类专业“互换性与技术测量”课程教学与实验教材使用，既可单独使用，也可与由华中科技大学出版社出版的《互换性与技术测量》(杨练根主编)教材配套使用。本书既可用于高校专业基础课程教学与实验教学，也可供生产企业和计量、检验机构的专业人员使用。

图书在版编目(CIP)数据

互换性与技术测量学习与实验指导/杨练根主编.—武汉：华中科技大学出版社，2014.1(2024.7重印)
ISBN 978-7-5609-9621-9

Ⅰ.①互… Ⅱ.①杨… Ⅲ.①零部件-互换性-高等学校-教材 ②零部件-测量技术-高等学校-教材
Ⅳ.①TG801

中国版本图书馆 CIP 数据核字(2014)第 013131 号

互换性与技术测量学习与实验指导　　杨练根　主编

策划编辑：万亚军
责任编辑：吴　晗
责任校对：刘　竣
封面设计：刘　卉
责任监印：徐　露
出版发行：华中科技大学出版社(中国・武汉)　电话：(027)81321913
武汉市东湖新技术开发区华工科技园　邮编：430223
录　排：华中科技大学惠友文印中心
印　刷：广东虎彩云印刷有限公司
开　本：787mm×1092mm　1/16
印　张：9.75
字　数：249 千字
版　次：2024 年 7 月第 1 版第 5 次印刷
定　价：29.80 元

前　　言

“互换性与技术测量”课程是高等工科院校机械类和近机类专业的一门应用性很强的技术基础课，它将机械和仪器制造业的相关基础标准和长度测量技术结合在一起，同时也涉及机械与仪器的设计、制造，以及质量控制、质量检验等许多领域。

在“互换性与技术测量”课程的学习过程中，学生普遍感觉该课程涉及标准多、概念多，与实践结合紧密，学习难度很大，把握不住重点和难点，而教材常常对很多地方讲解不够透彻。另外，教材受篇幅限制，习题不够多，做作业时也缺乏必要的参考书予以借鉴。为此，根据最新的几何产品技术规范标准，编者参考了许多同类教材，结合课程的教学目的与要求编写了本书。本书具有以下特点：

(1) 依据教学大纲的要求，明确了各章的学习要求、重点和难点，针对不同内容，区分了掌握、理解、了解等不同层次的学习要求；

(2) 本书的内容、结构与教材相对应，好学好用；

(3) 习题量大面广，涵盖本课程内容，题型灵活多样、难易均有，并给出了所有选择题、判断题的答案及难度较大的综合与计算题的答案，部分题目有详尽的解题过程和解题技巧；

(4) 附有考试用样卷及标准答案两套，使学生了解考试的题型及题量分布，并有助于熟悉解题过程与步骤，了解评分标准；

(5) 各章围绕某一级减速器输出轴及与该轴配合的齿轮、键、轴承，从极限与配合的选择、尺寸测量、几何公差与表面粗糙度选择、键连接，齿轮精度设计等方面进行了讲解，从而将各章串成一线，能更好地学习与理解；

(6) 考虑到标准的更新，尤其是 2008 版齿轮标准的颁布，将与新标准匹配的实验指导书也纳入了本书。

本书可作为工科院校机械类、近机类、仪器仪表类专业“互换性与技术测量”的学习与实验教材使用，既可用于高校专业基础课程教学，也可供生产企业和计量、检验机构的专业人员使用。

本书由湖北工业大学杨练根主编，湖北工业大学刘文超、李伟担任副主编。具体编写分工如下：第 1、4 章，杨练根；第 2 章，湖北工业大学刘文超、大连海洋大学曹丽娟；第 3 章，湖北工业大学许忠保；第 5 章，湖北工业大学范宜艳；第 6 章，湖北工业大学王正家；第 7 章，湖北工业大学李伟；第 8 章，湖北工业大学郘文俊；第 9 章，湖北工业大学吴庆华；第 10 章，湖北工业大学田新吉、刘文超。由杨练根、刘文超、李伟负责对全书文字、插图等内容进行统稿、修正。

受编者水平和编写时间所限，在重难点把握、内容选择和理解、实验指导等方面难免有疏漏、错误和不足之处，恳请广大读者批评指正，提出宝贵意见。

编　者

2013 年 11 月

目　　录

第1章　互换性与标准化概论

1.1　基本内容与学习要求

本章主要包括以下内容：互换性的含义、作用、分类，互换性标准的发展，长度测量技术的发展，标准化和优先数系。

本章的主要内容与学习要求：

(1) 理解互换性的基本概念；

(2) 了解互换性的作用、分类及互换性的发展；

(3) 了解 GPS 标准体系的发展和 GPS 的矩阵模型；

(4) 了解新一代 GPS 标准和传统 GPS 标准的区别；

(5) 初步了解长度测量技术的发展；

(6) 理解标准和标准化的概念；

(7) 了解标准化的作用；

(8) 掌握优先数系的构成及应用原则。

本章重点：

(1) 互换性的概念及分类；

(2) GPS 标准体系的发展现状；

(3) 优先数的定义和优先数系的构成。

本章难点：

(1) 互换性的分类；

(2) 优先数系的选用。

1.2　本章的知识要点

1.2.1　互换性的含义

互换性应同时具备三个条件：①装配前不需挑选；②装配中不需修配或调整；③装配后能满足预定的使用要求。满足这三个条件的互换性称为完全互换性，也就是100%的互换性，但这样的互换性在大批量生产中不合格率往往较高。

1.2.2　互换性的分类

互换性可以从不同角度分类：按互换的范围，可分为几何参数互换和功能互换；按互换的程度，可分为完全互换和不完全互换(装配时需分组或调整、修配)；对于独立的标准部件或机构，可分为内互换和外互换。

1.2.3 GPS 标准体系

产品几何技术规范(GPS)是 ISO/TC 213 全国产品尺寸和几何技术规范标准化技术委员会制定的一整套标准的统称,现已发展成以计量数学为基础的新一代 GPS 标准。

国际标准化组织的技术报告 ISO/TR 14638《GPS 总体规划》提出了 GPS 的概念和矩阵模型,确定了 GPS 标准体系的基本框架。矩阵模型包括 GPS 的基础标准、综合标准、通用标准和补充标准等。

1.2.4 长度测量技术的发展

测量要求是随着科学技术和生产力的发展而不断发展的。长度测量的单位是米,米的定义也经历了不同的发展阶段。要进行测量,必须有计量单位和计量器具。

1.2.5 标准化

标准是一种规范性文件。我国实行国家标准、行业标准、地方标准和企业标准四级标准体制。其中,国家标准、行业标准分为强制性标准和推荐性标准,强制性标准一经发布,必须执行。

标准的编号由标准代号+顺序号+年代号组成。标准是一种时效性比较强的文件,因此,工程技术人员要关注标准的修订,尽量采用标准的最新版本。

本课程的主体是保证互换性的各项基础标准,课程的主要目的是理解和应用这些标准。

通过本课程的学习,要树立起标准化意识,在我们的技术、生产、管理、服务等各项工作中,要留意与之有关的标准,并探讨能否使用这些标准以获得最佳秩序和最佳效益。

1.2.6 优先数和优先数系

GB/T 321—2005 对优先数系规定了 R5、R10、R20、R40 四个基本系列和 R80 补充系列,也允许采用派生系列。

在机械行业的系列产品设计、标准制定中,要考虑尽量采用优先数系确定产品的参数系列。

1.3 本门课程的学习目的与要求

“互换性与技术测量”课程是一门专业基础课,其前置课程是“工程图学”,后续课程是“机械设计”、“机械制造工艺学”等。贯穿于整门课程的新一代 GPS 标准体系着重于提供一个适宜于计算机辅助设计、计算机辅助工程、计算机辅助制造、计算机辅助工艺规划、产品数据管理等集成环境的计量评定规范体系。它将标准化与计量学的有关部分有机地结合在一起,而且涉及机械设计、机械制造、质量控制、生产组织和管理等多方面。其特点是概念多,涉及标准多,与实践联系紧密。

通过本课程的学习,应初步掌握精度设计和误差测量的基本理论、方法,树立标准化的理念,具体应该达到以下基本要求:

(1) 从制图的角度,真正看懂图样上标注的尺寸公差、几何公差、表面粗糙度等技术要求。

(2) 从设计的角度,掌握根据零件的使用要求正确地选择尺寸公差、几何公差、表面粗糙度的原则和方法；掌握与标准件、常用典型件配合的零件的设计要求。

(3) 从制造的角度，了解所确定的尺寸公差、几何公差和表面粗糙度对制造工艺的要求，初步具备尺寸链的分析和解算能力。

(4) 从测量的角度，初步掌握制定测量零件尺寸、几何误差、表面粗糙度的原则和方法，掌握几何误差评定、表面结构参数计算的能力；初步具备通用计量器具的应用能力、光滑极限量规的设计能力和测量误差的分析能力。

本指导书将明确各章的学习内容与要求、重点和难点，并针对重点和难点进行讲解。

全书的特色是从第 2 章到第 9 章以图 1-1 所示的某单级圆柱齿轮减速器及其输出轴(见

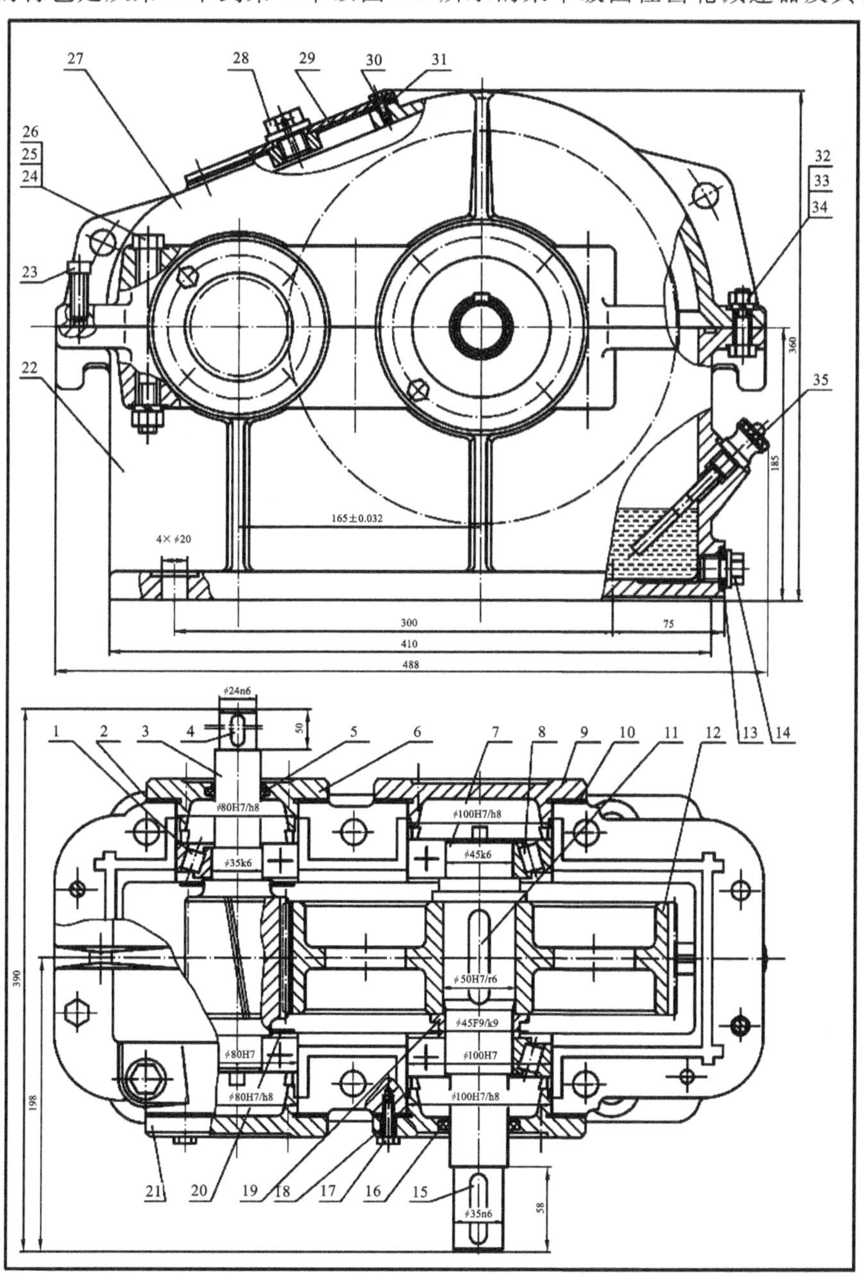

图 1-1　某单级圆柱齿轮减速器装配图

图 1-2)为线索,通过详细的剖析,串联起各章的内容。

如图 1-1 所示,该单级圆柱齿轮减速器的各项参数:输入功率为 3.42 kW,输入转速 720 r/min,传动比为 4.15,法向模数 m_n=2.5,大齿轮和小齿轮的齿数分别为 104、25。

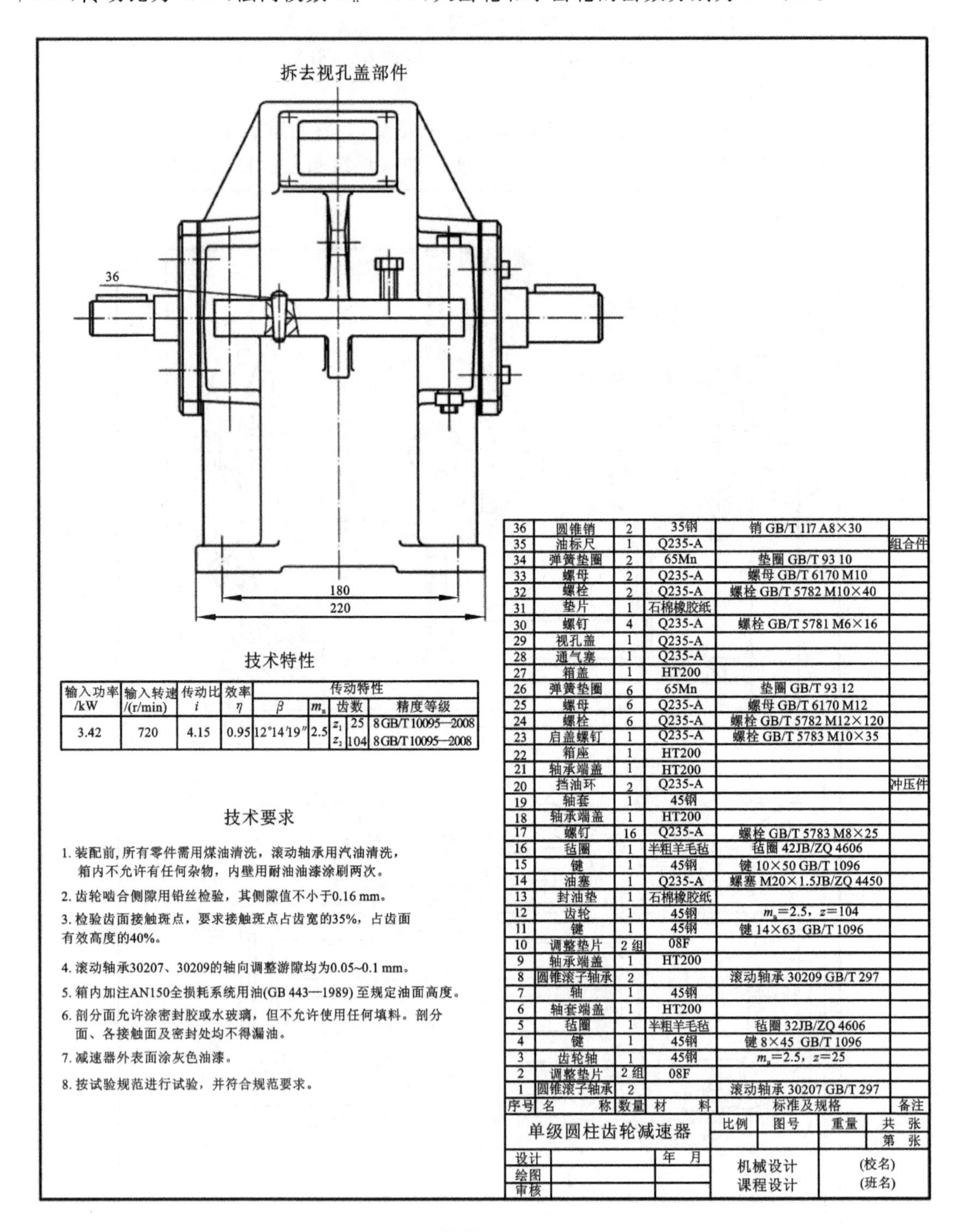

技术特性

输入功率/kW	输入转速/(r/min)	传动比 i	效率 η	传动特性				
				β	m_n	齿数		精度等级
3.42	720	4.15	0.95	12°14′19″	2.5	z_1	25	8 GB/T 10095—2008
						z_2	104	8 GB/T 10095—2008

技术要求

1. 装配前,所有零件需用煤油清洗,滚动轴承用汽油清洗,箱内不允许有任何杂物,内壁用耐油油漆涂刷两次。
2. 齿轮啮合侧隙用铅丝检验,其侧隙值不小于0.16 mm。
3. 检验齿面接触斑点,要求接触斑点占齿宽的35%,占齿面有效高度的40%。
4. 滚动轴承30207、30209的轴向调整游隙均为0.05~0.1 mm。
5. 箱内加注AN150全损耗系统用油(GB 443—1989)至规定油面高度。
6. 剖分面允许涂密封胶或水玻璃,但不允许使用任何填料。剖分面、各接触面及密封处均不得漏油。
7. 减速器外表面涂灰色油漆。
8. 按试验规范进行试验,并符合规范要求。

序号	名称	数量	材料	标准及规格	备注
36	圆锥销	2	35钢	销 GB/T 117 A8×30	
35	油标尺	1	Q235-A		组合件
34	弹簧垫圈	2	65Mn	垫圈 GB/T 93 10	
33	螺母	2	Q235-A	螺母 GB/T 6170 M10	
32	螺栓	2	Q235-A	螺栓 GB/T 5782 M10×40	
31	垫片	1	石棉橡胶纸		
30	螺钉	4	Q235-A	螺栓 GB/T 5781 M6×16	
29	视孔盖	1	Q235-A		
28	通气塞	1	Q235-A		
27	箱盖	1	HT200		
26	弹簧垫圈	6	65Mn	垫圈 GB/T 93 12	
25	螺母	6	Q235-A	螺母 GB/T 6170 M12	
24	螺栓	6	Q235-A	螺栓 GB/T 5782 M12×120	
23	启盖螺钉	1	Q235-A	螺栓 GB/T 5783 M10×35	
22	箱座	1	HT200		
21	轴承端盖	1	HT200		
20	挡油环	2	Q235-A		冲压件
19	轴套	1	45钢		
18	轴承端盖	1	HT200		
17	螺钉	16	Q235-A	螺栓 GB/T 5783 M8×25	
16	毡圈	1	半粗羊毛毡	毡圈 42JB/ZQ 4606	
15	键	1	45钢	键 10×50 GB/T 1096	
14	油塞	1	Q235-A	螺塞 M20×1.5JB/ZQ 4450	
13	封油垫	1	石棉橡胶纸		
12	齿轮	1	45钢	m_n=2.5, z=104	
11	键	1	45钢	键 14×63 GB/T 1096	
10	调整垫片	2组	08F		
9	轴承端盖	1	HT200		
8	圆锥滚子轴承	2		滚动轴承 30209 GB/T 297	
7	轴	1	45钢		
6	轴套端盖	1	HT200		
5	毡圈	1	半粗羊毛毡	毡圈 32JB/ZQ 4606	
4	键	1	45钢	键 8×45 GB/T 1096	
3	齿轮轴	1	45钢	m_n=2.5, z=25	
2	调整垫片	2组	08F		
1	圆锥滚子轴承	2		滚动轴承 30207 GB/T 297	

单级圆柱齿轮减速器			比例	图号	重量	共 张
						第 张
设计		年 月	机械设计课程设计		(校名)(班名)	
绘图						
审核						

续图 1-1

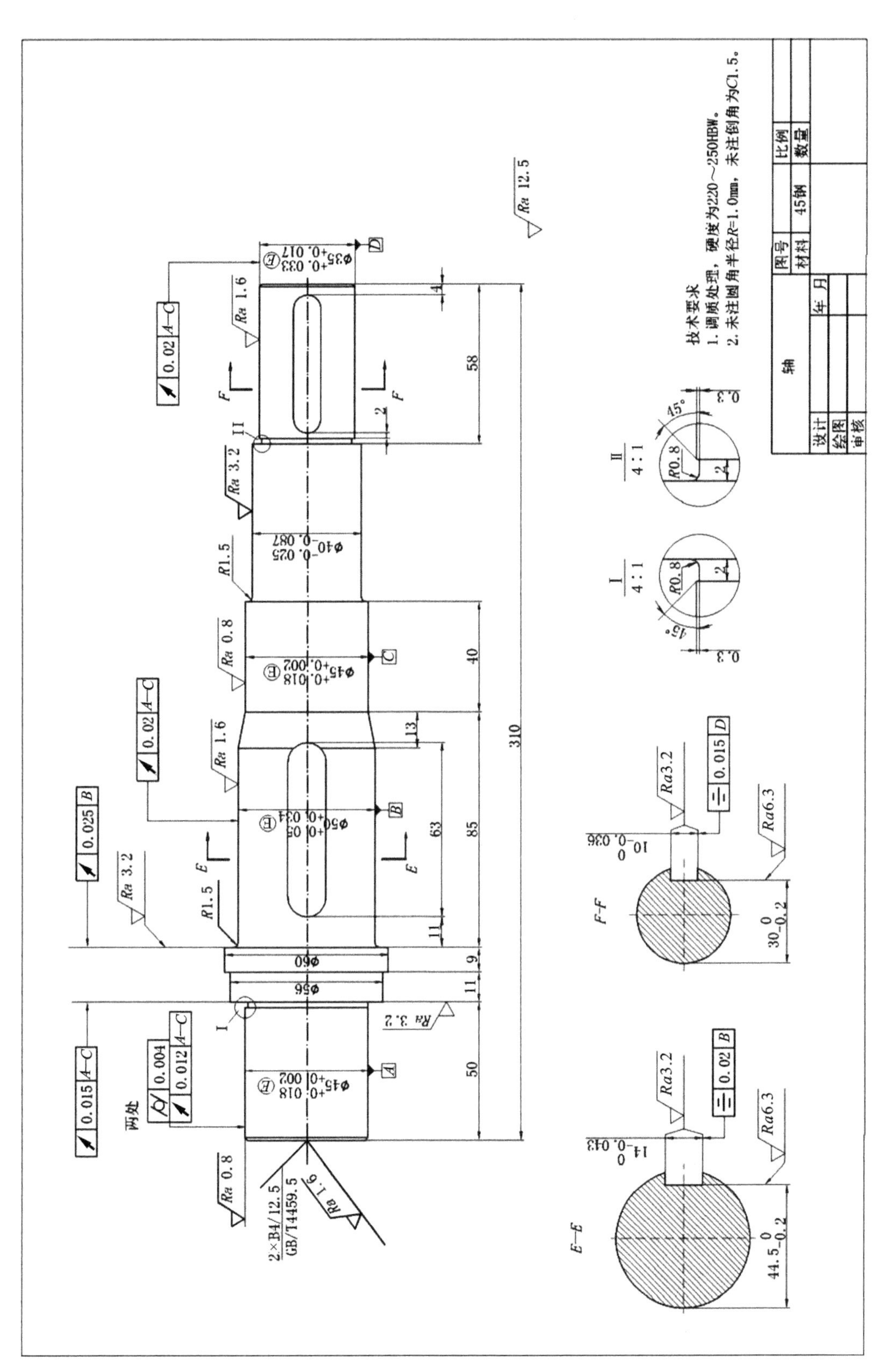

图 1-2　图 1-1 减速器输出轴的零件图

1.4 习　　题

1. 什么是互换性？互换性如何分类？
2. 互换性在机械制造中有何重要意义？
3. 互换性的优越性有哪些？实现互换性的条件是什么？
4. 完全互换与不完全互换有何区别？各用于什么场合，有何优缺点？
5. 按照标准化对象的特性，标准可以分为哪些类型？
6. 我国标准分为哪些级别，分别如何编号？
7. 新一代GPS标准和传统的GPS标准有何区别？
8. 什么是GPS矩阵模型？
9. 什么是优先数和优先数系？
10. 优先数系有什么作用？如何应用？

第2章　孔、轴的极限与配合

2.1　基本内容与学习要求

本章是非常重要的一章，它涉及机械设计制造时使用最多、最基础的内容。

本章主要内容与基本要求：

(1) 掌握有关几何要素、孔与轴、尺寸、偏差、公差与公差带、配合方面的术语与定义；

(2) 掌握孔、轴的标准公差系列与基本偏差系列，熟悉孔、轴公差带与配合的选用规定；

(3) 掌握孔轴配合时基准制、公差等级以及配合的选择方法，包括在选择配合时孔轴工作环境温度对配合的影响；

(4) 了解线性与角度尺寸的未注公差。

本章重点：

(1) 基本偏差和标准公差的查表；

(2) 极限与配合的选择原则和方法。

本章难点：

(1) 孔的基本偏差的查表；

(2) 极限与配合的选择。

2.2　知识要点、重点和难点解读

2.2.1　有关术语与定义

1. 有关孔与轴的术语与定义

轴是外尺寸要素，如键宽表面；孔是内尺寸要素，如孔槽与轴槽宽表面。由于孔与轴均为尺寸要素，所以可按尺寸要素的三个特征来判断某几何形状是否为孔或轴。

2. 有关尺寸的术语与定义

尺寸通常分为线性尺寸和角度尺寸。线性尺寸或长度尺寸(简称尺寸)指两点之间的距离，如直径、半径、宽度、深度、高度和中心距等。

公称尺寸是由图样规范确定的理想形状要素的尺寸，它是根据零件的强度计算、结构和工艺上的需要设计给定的尺寸，旧标准称设计尺寸。公称尺寸可以是一个整数或一个小数值，尽量按GB/T 2822—2005《标准尺寸》选用。

3. 有关偏差、公差与公差带的术语与定义

公差与偏差是两个不同的概念，不能混淆。偏差是代数值，可为正值、负值或零；而公差是绝对值，不能为负值或零。当公称尺寸一定时，公差反映加工难易程度、表示制造精度的要求；而偏差表示偏离公称尺寸的多少，与加工难易程度无关。从作用上讲，极限偏差表示公差带的确切位置，因而可反映出零件的配合性质，即松紧程度；而公差仅表示公差带的大小，即反映出零件的制造精度。

公差带图是表示一对相互配合的孔和轴的公称尺寸、极限尺寸、极限偏差以及公差之间相互关系的简化图，还能反映孔和轴配合的间隙、过盈等情况。因此它能非常直观清晰地表示孔和轴的配合关系，是理解极限与配合术语的有力工具。在绘制公差带图时，应标出零线、公称尺寸、孔和(或)轴的上、下极限偏差。孔和(或)轴的上、下极限偏差可用毫米或微米作单位，采用毫米作单位时，不需注明单位，也不用画纵轴；但采用微米作单位时需要画出纵轴，并标明单位为微米。公差带图中不画出孔、轴的结构，也不画孔、轴的轴线。

4. 有关配合的术语与定义

配合形成的前提条件是孔轴形成装配关系，因此其公称尺寸必须相同。配合的直观反映是孔和轴公差带之间的关系。根据孔和轴公差带之间的位置关系，孔的公差带在轴的公差带之上的为间隙配合，孔的公差带在轴的公差带之下的为间隙配合，两者相互交叠的为过渡配合。

配合公差等于孔与轴公差之和。

2.2.2 极限与配合的国家标准

标准公差和基本偏差是极限与配合中最基本的两个参数，它们分别确定了公差带的大小和公差带距离零线的位置，两者共同决定某尺寸公差带的唯一性。

1. 标准公差和基本偏差的数值

各级标准公差值的大小可查教材表 2-1 和表 2-2(摘自 GB/T 1800.1—2009)获得。查表时，根据该公称尺寸所属的尺寸分段，再按相应的公差等级查取即可。由于尺寸分段是半开半闭区间，因此尤其要注意公称尺寸所属的尺寸分段，比如 50 就属于(30,50]区间，而不是属于(50,80]区间。

轴、孔的基本偏差数值均可根据 GB/T 1800.2—2009 直接查表获得，也可分别按教材表 2-3 和表 2-4 查得，此时：一是要注意表中的注释，例如对于轴的公差带 js7～js11 和孔的公差带 JS7～JS11，若 ITn 值是奇数，则取偏差＝±(ITn－1)/2 而不是偏差＝±(ITn)/2；二是要注意对于孔的基本偏差数值是否要加上附加的 Δ 值，对于公称尺寸至 500 mm、标准公差等级小于或等于 IT8 的孔的基本偏差 K、M、N，以及标准公差等级小于或等于 IT7 的孔的基本偏差 P～ZC，其基本偏差值为在查表所得的数值上再加上一个 Δ 值，Δ 值的大小由公称尺寸和公差等级共同确定。

例如查表确定 ϕ30S7 的基本偏差。孔的公称尺寸为 30，属于(18,30]区间，当基本偏差代号为 S，公差等级为 7 级时，其基本偏差为 ES，数值为在查表 2-4 所得的数值(－0.035 mm)再加上一个 Δ 值(为 0.008 mm)，故 ES＝－0.027 mm。

又例如查表确定 ϕ18 JS8 的极限偏差。ϕ18 属于(10,18]区间，IT8＝27 μm，为 JS7～JS11 的奇数值，故其偏差＝±(IT8－1)/2＝(±(27－1)/2) μm＝±13 μm。因为 JS 的公差带相对零线对称分布，其基本偏差既可以是上极限偏差也可以是下极限偏差(两者与零线的距离相等)，故一般只提其偏差值。

再例如查表确定图 1-1 中轴与齿轮孔配合 ϕ50H7/r6 的极限偏差。先查教材标准公差数值表 2-1，由于 ϕ50 属于公称尺寸分段(30,50]区间，得相应公差为 IT6＝16 μm，IT7＝25 μm；对于轴的代号 r，查教材基本偏差值表 2-3，基本偏差为其下极限偏差，ei＝＋0.034 mm，则其上极限偏差 es＝ei＋IT6＝(＋0.034＋0.016) mm＝＋0.050 mm；对于孔的代号 H，查教材表

2-4，基本偏差为其下极限偏差，EI＝0，则其上极限偏差 ES＝EI＋IT7＝＋0.025 mm，故可表示为 $\phi50H7(^{+0.025}_{0})/r6(^{+0.050}_{+0.034})$，可知此处为基孔制过盈配合。

2. 孔、轴的公差带及配合的选用规定

GB/T 1801—2009 规定了公称尺寸至 3150 mm 的孔、轴公差带和配合的选择。对公称尺寸至 500 mm 的孔、轴，应优先选用圆圈中的公差带，其次选用方框中的公差带，最后选用其他的公差带。在特殊情况下，一般、常用和优先公差带不能满足要求时，也允许根据零件的使用要求，按国家标准中规定的标准公差和基本偏差自行组成需要的公差带，例如图 1-1 中套筒与轴的配合选用的公差带为 $\phi45F9/k6$，具体分析见例 2-3。

该标准也规定了尺寸至 500 mm 的基孔制、基轴制优先和常用配合，而公称尺寸大于 500～3150 mm 的配合一般采用基孔制的同级配合。

2.2.3　极限与配合的选择

极限与配合的选用主要包括基准制、公差等级和配合种类三个方面的选择。换句话说，也是孔、轴的公差等级和基本偏差的选择。

1. 基准制的选择

从工艺性和经济性来考虑，为了减少定值刀具、量具的规格和数量，应优先选用基孔制。对于基轴制的选用，主要理解教材中阐述的几种场合。一般地，基孔制时孔的基本偏差、基轴制时轴的基本偏差分别为 H、h。

如果某配合中孔和轴的基本偏差中没有 H 或 h，则该配合就是非基准制，如图 1-1 中的 $\phi45F9/k6$。

2. 公差等级的选择

公差等级的选择原则是在满足使用要求的前提下，应尽量选用较低的公差等级，以利于加工和降低成本。T_f 是极限间隙或过盈的变动量，反映了使用要求，T_H、T_s 是孔轴公差，反映了制造要求。原则上应满足：配合公差 $T_f \geqslant T_H + T_s$，在此基础上按工艺等价性原则分配孔、轴公差，选取相应的公差等级。此外，还要考虑公差等级与配合种类的关联以及与零部件的精度匹配问题。

3. 配合的选择

选择配合的主要依据是使用要求和工作条件。在用类比法选择孔、轴的基本偏差代号时可参考教材表 2-9 和表 2-10 中的应用实例。

当基准制和公差等级确定后，配合的选择最后的问题就是选择非基准件的基本偏差代号。可根据基准制和配合类别按教材表 2-11 先计算出非基准件的基本偏差，通过查表初步得到非基准件的基本偏差代号，再经过验算最后确定。

2.2.4　"极限与配合"概念的理解

当一个孔和一个轴形成装配关系时，它们就构成了配合。就尺寸而言，互换性要求尺寸的一致性，但并不要求、也无法要求批量生产的零件都准确地制造成一个指定的尺寸，只要在某一合理的范围内就行。这个范围通过上、下极限尺寸来限制，既要保证相互结合的尺寸之间形成一定的关系，以满足不同的使用要求，又要在制造上是经济合理的。这样就形成了"极限与配合"的概念。

例如图 1-1 中轴与齿轮孔处的配合采用 $\phi50H7/r6$。按照强度设计要求，此处轴径的公称

尺寸为 ϕ50 mm，为保证配合关系，齿轮孔径的公称尺寸也应为 ϕ50 mm。但在实际生产中，由于制造误差不可避免地存在，一方面，将轴径和齿轮孔径要加工到准确的尺寸 ϕ50 mm 是不可能做到的。因此在按照互换性原则组织生产时，只要根据使用要求，将轴径和齿轮孔径的变动限制在预设的一定极限范围内，即轴径的上极限尺寸为 ϕ50.050 mm，下极限尺寸为 ϕ50.034 mm；孔径的上极限尺寸为 ϕ50.025 mm，下极限尺寸为 ϕ50.000 mm，即可以实现互换性和便于加工制造，并能取得最佳的经济效益，这就是“极限”的概念。另一方面，将轴径和齿轮孔径要加工到准确的尺寸 ϕ50 mm 也是完全不必要的，只要加工出来的轴径和齿轮孔径的局部尺寸在上述极限尺寸范围之内，就能满足装配要求和性能要求，就能实现设计的配合性质要求。至于配合的松紧程度完全取决于两者局部尺寸之间的协调关系，并不是越接近公称尺寸 ϕ50 mm就越好，这就是“配合”的概念。

由此可见，“极限”用于协调机器零件使用要求与制造经济性之间的矛盾，而“配合”则是反映零件组合时相互之间的关系。

2.3　例题剖析

例 2-1　已知两根轴，第一根轴直径为 ϕ10 mm，公差值为 22 μm，第二根轴直径为 ϕ70 mm，公差值为 30 μm，试比较两根轴加工过程的难易程度。

解　加工的难易程度取决于其精度要求，即公差等级。查标准公差表可知，对于第一根轴，其公差等级为 IT8；对于第二根轴，其公差等级为 IT7。尽管第二根轴的公差值大，但其公差等级高，因此加工相对难一些。

例 2-2　如图 2-1 所示汽车气缸活塞、连杆机构中，活塞销为 ϕ28 mm，要求连杆衬套内圆柱面与活塞销中部配合为 ϕ28H6/h5，活塞销两端与活塞上的两个销孔的配合要求为过盈配合，在 −2～−25 μm 之间，试确定活塞销两端与销孔的公差带代号。

解　(1) 确定基准制　因活塞销分别与活塞、连杆衬套配合，并且配合松紧程度要求不同，为方便轴的加工和有利于装配，故选择基轴制。

(2) 确定公差等级　配合公差为 $T_f = Y_{min} - Y_{max} = [-2-(-25)]$ μm $=23$ μm，因此根据使用要求，孔、轴的公差值之和不能超过 23 μm。查标准公差表可知 IT5＝9 μm，IT6＝13 μm，考虑工艺等价性，取销孔比活塞销的公差低一级，故选 IT6，活塞销选 IT5，孔、轴的公差值之和为 22 μm，满足使用要求。所以，活塞销为 $\phi28\text{h}5(^{\ 0}_{-0.009})$。

(3) 确定销孔的基本偏差代号　因所选配合为基轴制过盈配合，故销孔的基本偏差为上极限偏差，为 ES＝$Y_{min} - T_s$＝(−2−9) μm＝−11 μm，查孔的基本偏差数值表得：销孔的基本偏差代号为 N，销孔的公差带代号为 $\phi28\text{N}6(^{-0.011}_{-0.024})$。确定活塞销与销孔的配合代号为 ϕ28N6/h5。

(4) 验算　计算得设计的最小过盈量为 −2 μm，最大过盈量为 −24 μm，满足配合要求。详细标注如图 2-1 所示。

例 2-3　试选取图 1-1 中从动轴系零部件的配合，并说明理由。

解　采用哪种基准制要综合考虑结构、工艺、经济性与功能要求等因素；采用哪一级公差关键看配合的重要程度；采用什么配合性质主要取决于配合件的性能要求。对于图 1-1 中从动轴系零部件的配合选取和分析如下。

(1) 箱体孔的公差带选用 H7　对于一般的减速器而言，轴承的精度一般选 0 级，相应的

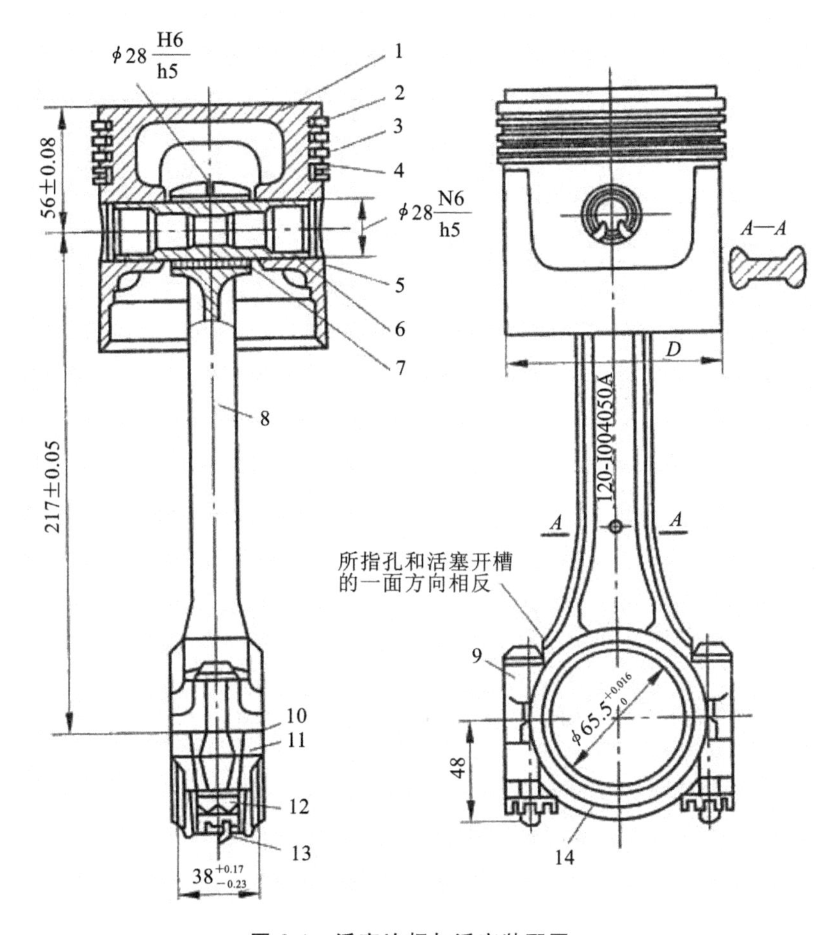

图 2-1　活塞连杆与活塞装配图

1—活塞；2—上活塞环；3—中活塞环；4—油环；5—锁环；6—活塞销；7—连杆衬套；8—连杆；9—连杆螺栓；10—调整垫片；11—连杆盖；12—连杆螺母；13—开口销；14—连杆轴瓦

箱体孔的公差等级选为 IT7。轴承外圈因安装在箱体孔中，通常不旋转，考虑到工作时温度升高会使轴热胀而产生轴向移动，因此两端轴承中有一轴承端应为游动支承，可使外圈与箱体孔的配合稍微松一些，使之能补偿轴的热胀伸长量，不至于使轴变弯而被卡住，影响正常运转。尽管此处为配合关系，但因轴承为标准件，其外圈的公差带（在零线下方，且上极限偏差为零）不标注。因此箱体孔的公差带可选用 H7。

（2）轴 7 与轴承内圈的配合处选用公差带 k6　在多数情况下，轴承的内圈随轴一起转动，为防止它们之间发生相对运动而导致结合面磨损，影响轴承寿命和工作性能，同时也为了传递一定的扭矩，则两者的配合应是过盈，但过盈量又不宜过大。轴承内圈与轴的配合虽然采用基轴制配合（因轴承为标准件），但轴承内圈的公差带在零线下方，且上极限偏差为零。加之轴 7 与轴承内圈的配合按比较重要的配合对待，轴颈采用 6 级公差。故轴 7 与轴承内圈的配合处选用公差带 k6。

（3）两轴承端盖 6、18 与箱体孔的配合选用 ϕ100H7/h8　由于轴承端盖需要经常拆卸，因此端盖外缘与箱体孔之间应选用间隙较大的间隙配合，加之箱体孔的公差带已选用 H7 的公差带，故端盖外缘与箱体孔之间的配合可选用 ϕ100H7/h8，如果箱体孔选用其他公差带，那就使得箱体孔的设计与加工更复杂一些。端盖外缘公差等级选用 8 级是为了加工方便，且不影响使用要求，因为端盖的主要目的是实现轴承的轴向定位，对于径向要求不高。

(4) 轴套 19 与轴 7 的配合选用 ϕ45F9/k6　由于轴套的主要目的是实现齿轮与轴承内圈的轴向定位，对径向定位要求不高，因此为了便于装配和加工，轴套可选用较低的公差等级和较大的间隙配合，但因为轴的公差带已选为 k6，故轴套 19 内公差带选择 F9，这里采用了非基准制的任选孔、轴公差带。其实，对于两轴承端盖 6、18 与箱体孔的配合也可采用非基准制的任选孔、轴公差带。

(5) 齿轮 12 的孔与轴 7 的配合选用 ϕ50H7/r6　此处也按比较重要的配合对待，孔轴分别采用 7 级公差和 6 级公差，并选用基孔制，加之要保证齿轮的传动精度，故可选用 ϕ50H7/r6。

(6) 与带轮相连接的直径为 ϕ35 mm 的轴 7 处选用公差带 n6　与皮带轮相连的轴径一般选用 6 级公差，加之又要实现可拆卸，并需要传递一定的力矩，因此要采用较紧的过渡配合，故可选用公差带 n6。

2.4 习　　题

一、思考题

1. 什么是公称尺寸、极限尺寸和局部尺寸？它们之间有何区别和联系？

2. 什么是尺寸公差、极限偏差和实际偏差？它们之间有何区别和联系？

3. 局部尺寸是几何要素尺寸的真值吗？完工后零件的局部尺寸是不是越接近公称尺寸越好？为什么？

4. 尺寸公差带由哪两个要素构成？国家标准是如何对它们实行标准化的？

5. 什么是配合制？标准规定的配合制有哪两种？各有何特点？

6. 配合的实质是什么？配合分为哪几类？各类配合中孔、轴公差带关系如何？

7. 在选用配合制时为什么一般选用基孔制？哪些情况可考虑采用基轴制？

8. 如何选择相配合的孔、轴的公差等级？

9. 什么是同名配合？互为同名配合的一对配合有何特点？

10. 在同一加工条件下，加工 ϕ30H7 孔与加工 ϕ100H7 孔，是前者加工困难些还是后者加工困难些，或者是两者的难易程度相当？加工 ϕ30h7 轴与加工 ϕ30m7 轴又如何？

二、判断题(正确的打“√”，错误的打“×”)

1. 公差是零件允许的最大偏差。 (　　)

2. 某一孔或轴的直径正好加工到其公称尺寸，则此孔或轴必然合格。 (　　)

3. 公称尺寸不同的零件，只要它们的公差值相同，就说明它们的精度要求相同。 (　　)

4. 公称尺寸一定的零件，公差值越大，其公差等级越高。 (　　)

5. 基本偏差决定公差带的位置。 (　　)

6. 孔的基本偏差为下极限偏差，轴的基本偏差为上极限偏差。 (　　)

7. 孔和轴的加工精度越高，则其配合精度也越高。 (　　)

8. 基本偏差 a～h 的轴与基准孔构成间隙配合，其中 h 配合最松。 (　　)

9. 配合 ϕ28H7/g6 比 ϕ28H7/s6 要紧一些。 (　　)

10. 孔轴配合为 ϕ40H9/n9，则可以判断为过渡配合。 (　　)

11. 配合公差的数值越小，则相互配合的孔、轴公差等级就越高。 (　　)

12. 有相对运动的配合应选用间隙配合，无相对运动的配合应选用过盈配合。 (　　)

13. 基轴制过渡配合的孔，其下极限偏差必定小于零。　(　　)

14. 选用公差带时，应按优先、常用和一般公差带的顺序选取。　(　　)

15. 未注公差的尺寸就是没有公差要求的尺寸。　(　　)

三、单项选择题(将下列题目中正确答案的题号写在题中的括号内)

1. 基本偏差代号为 J、K、M 的孔与基本偏差代号为 h 的轴可以构成(　　)。

A. 间隙配合　B. 间隙或过渡配合　C. 过渡配合　D. 过盈配合

2. 公称尺寸是(　　)。

A. 测量得到的　B. 加工时得到的　C. 加工后得到的　D. 设计给定的

3. 极限偏差是(　　)。

A. 加工后测量得到的　B. 设计给定的

C. 局部尺寸减去公称尺寸的代数差　D. 上极限尺寸与下极限尺寸的代数差

4. 尺寸公差带图的零线表示(　　)。

A. 上极限尺寸　B. 下极限尺寸　C. 公称尺寸　D. 局部尺寸

5. 当孔的下极限尺寸与轴的上极限尺寸的代数差为负时，此代数差称为(　　)。

A. 最大间隙　B. 最小间隙　C. 最大过盈　D. 最小过盈

6. 当孔的上极限偏差小于相配合的轴的上极限偏差，而大于相配合的轴的下极限偏差时，此配合的性质为(　　)。

A. 间隙配合　B. 过渡配合　C. 过盈配合　D. 不能确定

7. 公差带的大小由(　　)确定。

A. 基本偏差　B. 公差等级　C. 公称尺寸　D. 标准公差数值

8. 当轴的基本偏差为(　　)时与基本偏差为 H 的孔形成间隙配合。

A. a～h　B. j 与 js　C. k～n　D. p～zc

9. 在基孔制配合中，当基准孔的公差带确定后，配合的最小间隙或最小过盈由轴的(　　)确定。

A. 基本偏差　B. 标准公差数值

C. 实际偏差　D. 公差等级

10. 标准公差数值与(　　)有关

A. 公称尺寸和基本偏差　B. 基本偏差和配合性质

C. 公差等级和配合性质　D. 公称尺寸和公差等级

11. 在有定心(对中心)要求的基孔制配合中，应选用(　　)

A. JS/h　B. H/k　C. H/e　D. H/s

12. 在以下各组配合中，属于同名配合的是(　　)。

A. ϕ50H8/h7 和 ϕ50H7/h6　B. ϕ50P7/h6 和 ϕ45H7/p6

C. ϕ50H8/h7 和 ϕ50H7/f6　D. ϕ50H7/f6 和 ϕ50F7/h6

13. 下列配合代号标注正确的是(　　)。

A. ϕ30 h7/H8　B. ϕ30H7/h8　C. ϕ30H6/k5　D. ϕ30H15/h7

14. 下列配合中为间隙配合的是(　　)。

A. ϕ30H7/g6　B. ϕ30H8/js7　C. ϕ30H8/m7　D. ϕ100H7/t7

15. 下列说法正确的是(　　)。

A. ϕ30g8 比 ϕ30h7 精度高　B. $\phi 50^{+0.013}_{0}$ 比 $\phi 30^{+0.013}_{0}$ 精度高

C. 孔轴公差带不能组成非基准制配合
D. 零件的尺寸精度越高，其配合间隙越小

16. 下列关于基本偏差的说法正确的是(　　)。

A. 基本偏差数值的大小取决于基本偏差代号

B. 轴的基本偏差为下极限偏差

C. 孔的基本偏差为上极限偏差

D. 基本偏差就是靠近零线的那个极限偏差

17. 下列配合零件应选用基孔制的是(　　)。

A. 轴为冷拉圆钢且不需要再加工
B. 滚动轴承外圈与机座孔的配合

C. 滚动轴承内圈与轴的配合
D. 同一轴与多孔配合且配合性质要求不同

18. 以下情况应选用间隙配合的是(　　)。

A. 要求定心精度高
B. 工作时无相对运动

C. 不可拆卸
D. 转动、移动或复合运动

19. 以下情况应选用过盈配合的是(　　)。

A. 需传递足够大的转矩
B. 铰链连接

C. 有轴向移动
D. 要求定心且常拆卸

20. 下列说法正确的是(　　)。

A. 从经济上考虑应优先选用基孔制

B. 从结构上考虑应优先选用基轴制

C. 公称尺寸相同时公差等级越低其公差带越宽

D. 孔轴配合时，孔要比轴低一个公差等级

四、综合题

1. 计算出表 2-1 中空格处数值，并按规定填写。

表 2-1

公称尺寸	孔			轴			X_{max}或Y_{min}	X_{min}或Y_{max}	X_{av}或Y_{av}	T_f
	ES	EI	T_h	es	ei	T_s				
Φ40		0				0.025	+0.067		+0.046	
Φ60		0				0.030		−0.041	+0.003	
Φ150			0.040	0				−0.068		0.065

2. 查表计算下列配合的极限偏差、极限间隙(或过盈)，说明其配合制和配合类别，并画出其尺寸公差带图。

(1) ϕ50H8/g7　(2) ϕ25P7/h6　(3) ϕ32H8/js7

3. 查表确定 ϕ30H7/r6 和 ϕ30R7/h6 两配合的孔、轴极限偏差，并进行比较。

4. 活塞与缸体孔在工作时要求配合间隙在 0.040～0.097 mm 之间。已知活塞与缸体的公称尺寸 $D=95$ mm，活塞采用铝合金，线膨胀系数 $\alpha_s=22\times10^{-6}/℃$，工作温度 $t_s=150$ ℃，缸体采用钢质材料，其线膨胀系数 $\alpha_h=12\times10^{-6}/℃$，工作温度 $t_h=100$ ℃，装配温度为 20 ℃，试确定常温下装配时的间隙变动范围，并选择合适的配合。

2.5　部分习题答案与选解

二、判断题

1. ×　2. ×　3. ×　4. ×　5. √　6. ×　7. ×　8. ×　9. ×　10. √　11. ×　12. ×　13. √　14. √　15. ×

三、单项选择题

1. B　2. D　3. B　4. C　5. C　6. B　7. D　8. A　9. A　10. D　11. B　12. D　13. C　14. A　15. B　16. A　17. C　18. D　19. A　20. C

四、综合题

2. 解：

(1) ϕ50H8/g7　查标准公差数值表和基本偏差数值表可知：IT7＝25 μm，IT8＝39 μm。

对于 H8：EI＝0，ES＝EI＋IT8＝[0＋(＋39)] μm＝＋39 μm

对于 g7：es＝－9 μm，ei＝es－IT6＝[－9－25] μm＝－34 μm

为基孔制间隙配合。

X_{max}＝ES－ei＝[＋39－(－34)] μm＝73 μm，X_{min}＝EI－es＝[0－(－9)] μm＝9 μm

其尺寸公差带图 2-2 如下：

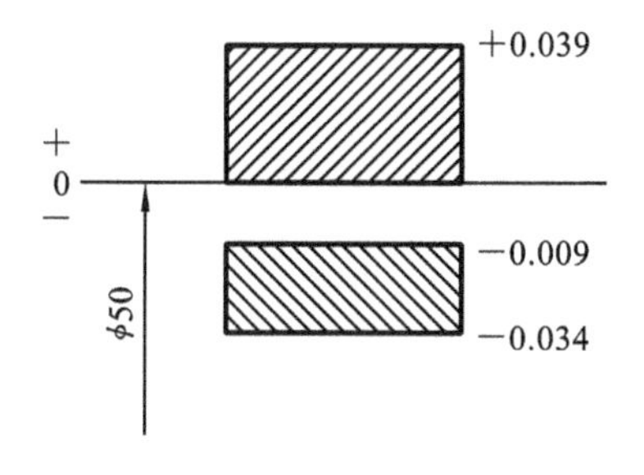

图 2-2

(2) ϕ25P7/h6　查标准公差数值表和基本偏差数值表可知：IT6＝13 μm，IT7＝21 μm。

对于 P7：基本偏差为 ES，ES＝－22＋Δ＝(－22＋8) μm＝－14 μm；EI＝ES－IT7＝(－14－21) μm＝－35 μm

对于 h6：es＝0，ei＝es－IT6＝(0－13) μm＝－13 μm

为基轴制过盈配合。

Y_{max}＝EI－es＝(－35－0) μm＝－35 μm，Y_{min}＝ES－ei＝[－14－(－13)] μm＝－1 μm

其尺寸公差带图 2-3 如下：

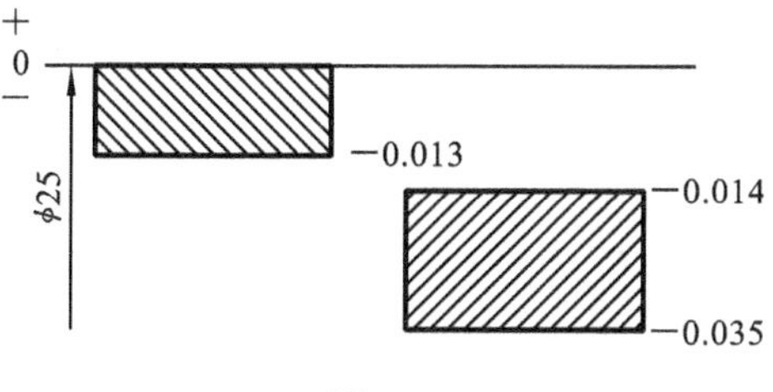

图 2-3

(3) ϕ32H8/js7　查标准公差数值表和基本偏差数值表可知：IT7＝25 μm，IT8＝39 μm。

对于 H8：EI＝0；ES＝＋39 μm

对于 js7：因 IT7 为奇数，故偏差＝±(ITn－1)/2＝±(25－1)/2＝±12 μm，

为基孔制过渡配合。

Y_{min}＝EI－es＝[0－(＋12)] μm＝－12 μm，X_{max}＝ES－ei＝[＋39－(－12)] μm＝＋51 μm

其尺寸公差带图 2-4 如下：

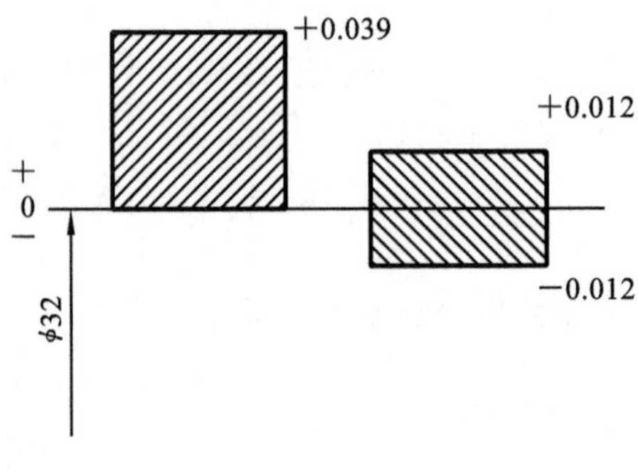

图 2-4

3. 解：

查标准公差数值表和基本偏差数值表可知：IT6＝13 μm，IT7＝21 μm。

对于 H7：EI＝0，ES＝＋21 μm

对于 r6：基本偏差为 ei，ei＝＋28 μm；es＝ei＋IT6＝(＋28＋13) μm，＝＋41 μm

对于 R7：基本偏差为 ES，ES＝－28＋Δ＝(－28＋8) μm＝－20 μm；EI＝ES－IT7＝(－20－21) μm＝－41 μm

对于 h6：es＝0，ei＝es－IT6＝(0－13) μm＝－13 μm

经分析可知 ϕ30H7/r6 配合为基孔制过盈配合，ϕ30R7/h6 配合为基轴制过盈配合，尽管两者的基准制不同，但配合性质相同，均为过盈配合，并且两者的最大过盈和最小过盈也相同，故称之为“同名配合”。

4. 解：

(1) 活塞与缸套工作时的温度要比装配时的温度高很多，所以必须考虑工作温度对配合的影响。由于工作温度与装配温度不一致导致的间隙变动量为

$$\Delta = D[\alpha_h(t_h - 20°) - \alpha_s(t_s - 20°)]$$
$$=95\times[12\times10^{-6}\times(100-20)-22\times10^{-6}\times(150-20)]\ \text{mm}=-0.181\ \text{mm}$$

即由于热变形的影响工作状态时的配合间隙。将此装配温度 20 ℃时的配合间隙减小 0.181 mm。

(2) 在装配时应考虑热变形使间隙减小的影响，所以装配间隙应为

$$X_{max}=(0.097+0.181)\ \text{mm}=0.278\ \text{mm}$$
$$X_{min}=(0.040+0.181)\ \text{mm}=0.221\ \text{mm}$$

这样才能保证所需的工作间隙。

(3) 选用基准制。

选基孔制，EI＝0。

(4) 确定孔、轴的公差等级。

配合公差 $T_f=X_{max}-X_{min}=(0.278-0.221)\ \text{mm}=0.057\ \text{mm}$。

当公称尺寸为 95 mm 时，IT6＝22 μm，IT7＝35 μm，因为 $T_f=T_h+T_s$，故可取孔、轴的公差等级分别为 IT8 和 IT7。

（5）确定非基准件（轴）的基本偏差代号和孔、轴的极限偏差值。

因为是基孔制间隙配合，故其基本偏差为上极限偏差，且 $es=-X_{min}=-0.221$ mm；反查轴的基本偏差数值表可知，基本偏差 b 的 es＝－0.220 mm，与之最为接近。因此，选用轴的公差带为 $\phi95b7$。轴的另一极限偏差 $ei=es-T_s=(-0.220-0.022)$ mm＝－0.242 mm

因为是采用基孔制，所以 EI＝0，$ES=EI+T_h=+0.035$ mm。

（6）校对。

该孔、轴配合代号：$\phi95\dfrac{H8(^{+0.035}_{\ \ 0})}{b7(^{-0.220}_{-0.242})}$

$$X_{max}=ES-ei=[+0.035-(-0.242)]\ \text{mm}=0.279\ \text{mm}$$

$$X_{min}=EI-es=[0-(-0.220)]\ \text{mm}=0.220\ \text{mm}$$

尽管 X_{max} 稍微大了一些，但这仅是热变形的影响，实际生产中还有制造、装配等其他因素的影响，加之 X_{max} 与 X_{min} 均为极限情况，出现的概率很小，因此计算结果稍微超出一点仍然是满足要求的。

第3章　长度测量技术基础

3.1　基本内容与学习要求

本章主要包括三大部分内容:(1)测量的基本概念、术语、尺寸传递及量块的基本知识;(2)计量器具和测量方法的分类及计量器具的基本度量指标;(3)测量误差的概念、分类及测量数据的处理方法。

本章的主要内容与学习要求:

(1) 了解长度量值传递、量块使用的基本常识;

(2) 了解测量方法和计量器具的分类;

(3) 理解和掌握常见计量术语的定义;

(4) 了解误差分类、来源和特点;

(5) 掌握数据处理的基本方法;

(6) 掌握测量不确定度的评定方法。

本章重点:

(1) 测量的概念及其四要素;

(2) 量块的等级和选用;

(3) 测量误差及其数据处理;

(4) 不确定度的评定。

本章难点:

(1) 常见的计量术语;

(2) 不确定度的分类及不确定度的评定。

3.2　知识要点、重点和难点解读

3.2.1　测量的概念

测量是为确定被测对象的量值而进行的实验过程,任何测量过程都包括四个要素,即测量对象、测量单位、测量方法及测量准确度。测量的基本原则是根据被测对象的形状、大小、材料、质量、被测部位和被测量的公差要求,选择具有相应测量准确度的测量方法。

3.2.2　量块的等级和选用

(1) 量块的精度有两种规定:按“级”划分和按“等”划分。按制造精度划分为五级,即0、1、2、3和k级。按“级”使用时,以标记在量块上的公称尺寸为准,但包含量块的制造误差。按检定精度划分为五等,即1、2、3、4、5等,其中1等精度最高,5等精度最低。按“等”使用时,以量块检定的尺寸为准,排除了制造误差,仅包含检定时较小的测量误差。所以,量块按“等”使用时的精度比按“级”使用时要高。

(2) 量块的选用：量块都是按一定尺寸系列成套生产的，使用时可将几块量块组合成所需尺寸。组合时应遵守最短测量链原则，即尽量使用最少数量的量块，一般要求不超过4块，采用由后向前逐步消去最末尾数法获得组合的尺寸。

3.2.3　计量器具、测量方法及其分类

1. 计量器具可按测量原理、结构特点及用途进行分类

按结构特点可分为标准量具、量规、量仪、计量装置。标准量具(实物量具，material measure)以固定形式复现量值；量规用于检验，包括光滑极限量规(plain limit gauge)和功能量规(functional gauge)，检验时无法获得被检验产品的质量特性的量值；量仪(计量仪器，measuring instrument)可以得到测量值；计量装置(measuring device)是计量器具和辅助设备的总称。

2. 通用计量器具和专用计量器具

通用计量器具可测量某一范围内的任一量值，能将被测量值转换成可直接观察的指示值或等效信息。它是生产中使用最广泛的计量器具。专用计量器具专门用来测量某种特定参数。

3. 计量器具的基本度量指标

一定的计量器具只能在一定的范围内使用，计量器具的适用范围取决于计量器具的基本度量指标和本身固有的内在特性。计量器具的基本度量指标是表征计量器具的性能和功用的指标，也是选择和使用计量器具的依据。只有掌握这些基本度量指标，才能正确、合理地选择和使用量具。下面几个指标应当重点理解和掌握。

(1) 分度值　分度值是每一刻线间距所代表的量值。计量器具的分度值和精度在数值上相互适应。一般地，分度值越小，表示计量器具的精度越高。

(2) 测量范围和示值范围　测量范围是计量器具在不超过一定的不确定度条件下所能测量的被测量最小值到最大值的范围，示值范围是计量器具所显示的最小值到最大值的范围。要注意两者的异同，在有些计量器具中两者的范围是相同的，如绝对测量法中使用的游标卡尺、千分尺等；在有些计量器具中两者是不同的，如相对测量法中使用的立式光学比较仪等。

(3) 示值误差和修正值　示值误差是计量器具的示值与被测量的真值之差，它有正负值之分。示值误差越小，计量器具的精度越高。修正值是需用代数法加到示值上以得到正确结果的数值。对计量器具的示值进行修正时，修正值等于示值误差的绝对值，但符号相反。

(4) 灵敏度和灵敏阈　灵敏度是表示计量器具反映被测几何量微小变化的能力，当被测量和计量器具上相应变化量为同一类量时，它又称为放大比。灵敏阈也称灵敏限，它是指引起计量器具示值可觉察变化的被测量值的最小变化量。两者有不同的概念。灵敏度是把被测量的实际微小变化量加以放大显示的倍数，它的值越大，计量器具越灵敏；而灵敏阈是指能够在计量仪器中显示出来的被测量的实际微小变化量最小为多少，它是一个极限值，这个值越小计量器具越灵敏。

4. 测量方法的分类特点及测量方法的选择原则

在几何量测量中，测量方法可以按不同特征分为7类。测量方法的选择应与测量目的、生产批量、工件的结构尺寸及精度要求、材质、质量等相适应。在测量方法的选择中，为了获得正确可靠的测量结果，应遵守以下原则。

(1) 阿贝原则:要求在测量过程中被测长度与基准长度应安置在同一直线上的原则。由于千分尺遵守阿贝原则,游标卡尺不符合阿贝原则,因此千分尺的精度比游标卡尺的高。

(2) 最短测量链原则:由测量信号从输入到输出量值通道的各个环节所构成的测量链,其环节越多测量误差越大。因此,应尽可能减少测量链的环节数,以保证测量精度。以最少数目的量块组成所需尺寸的量块组,就是最短测量链原则的一种实际应用。

(3) 最小变形原则:测量器具与被测零件都会因实际温度偏离标准温度和受力(重力和测量力)而发生变形,形成测量误差,应尽量通过修正予以减小。

(4) 基准统一原则:测量基准要与加工基准和使用基准统一。即工序测量应以工艺基准作为测量基准,终结测量应以设计基准作为测量基准。

3.2.4 测量误差及数据处理

测量误差及数据处理是本章的重点内容,因为在生产实践中特别是精密测量工作中经常要进行误差的测量、分析以及各类测量数据的处理,故这部分内容应当重点理解和掌握。

1. 理解测量误差的含义和来源

绝对误差反映测量值偏离真值的程度,相对误差是一个无量纲的数值。对不同尺寸的测量,应当按相对误差来评定测量精度的高低,相对误差越小,测量精度越高。

在实际测量中测量误差的产生是不可避免的,测量误差的主要来源有七个方面:①计量器具误差;②基准件误差;③调整误差;④测量方法误差;⑤测量力误差;⑥环境误差;⑦人为误差。

2. 测量精度

测量精度和误差是两个相对的概念。精密度反映随机误差影响的程度,正确度反映系统误差影响的程度,精确度(准确度)是系统误差和随机误差的综合。

3. 测量误差的分类及处理方法

按测量误差的性质、出现规律和特点,可将测量误差分为系统误差、随机误差、粗大误差,对它们有不同的处理方法。

(1) 系统误差:在同一条件下,多次测量同一量值时,误差的绝对值和符号保持恒定(定值系统误差)或按一定规律变化(变值系统误差)。定值系统误差用实验对比法发现,变值系统误差用残余误差观察法发现。系统误差在数据处理中一定要消除。

(2) 随机误差:在相同的测量条件下,多次测量同一量值时,其绝对值大小和符号均以不可预知的方式变化着的误差。

①随机误差的分布与特性:随机误差符合正态分布规律,它具有对称性、单峰性、有界性和抵偿性四个特性。

②随机误差的评定指标:标准偏差 $\sigma=\sqrt{\frac{1}{n}\sum_{i=1}^{n}\delta_i^2}$ 。由于在实际测量过程中,测量对象的真值并不知道,δ_i 不可确定,因此,引入了算术平均值 $\overline{x}$ 及残余误差 $\nu_i(\nu_i=x_i-\overline{x})$,利用残余误差,可获得标准偏差的估计值 $\hat{\sigma}=\sqrt{\frac{1}{n-1}\sum_{i=1}^{n}\nu_i^2}$ 。

标准偏差并不是一个具体的偏差,而是表明随机误差的分散程度,标准偏差越小,曲线越陡,随机误差分布越集中,测量精密度越高。

③随机误差的极限值：根据概率的计算方法，$P=\int_{-3\sigma}^{+3\sigma}y\mathrm{d}\delta=0.9973=99.73\%$，即 δ 落在 $\pm3\sigma$ 范围内可认为的概率为 99.73%，超出 $\pm3\sigma$ 之外的概率仅为 0.27%，属于小概率事件，几乎不可能出现。所以可认为随机误差的极限值 $\delta_{\lim}=\pm3\sigma$。

(3) 粗大误差：由主观疏忽大意或客观条件突变所产生的误差。粗大误差的判断常使用 3σ 准则，即当某一残余误差 ν_i 符合 $|\nu_i|>3\sigma$ 时，说明此次测量中存在粗大误差，应从系列测量值中剔除这个测量结果 x_i。

理论证明，对同一量重复测量 n 次，其算术平均值 $\overline{x}$ 比单次测量值 x_i 更加接近被测量的真值。但 $\overline{x}$ 也具有分散性，只是它的分散程度比 x_i 的分散程度小。分散程度即为 $\sigma_{\overline{x}}=\sigma/\sqrt{n}$。可见，测量次数越多，平均值的分散程度越小。

4. 直接测量列的数据处理方法

用直接测量方法对同一个被测量进行测量获得的一系列测量数据称为直接测量列，综合考虑各类误差的数据处理步骤如下：

(1) 计算测量列算术平均值 $\overline{x}$；

(2) 求残余误差 ν_i；

(3) 判断测量列有无系统误差，如有应加以剔除(可根据残余误差观察法进行判断，若残余误差大致正负相等，说明测量列中无系统误差)；

(4) 估计测量列的标准偏差 $\hat{\sigma}$；

(5) 判断粗大误差，若存在，应剔除与之对应的测量数据并重新组成测量列，重复上述步骤(1)，直至无粗大误差为止；

(6) 计算测量列算术平均值的标准偏差的估计值 $\hat{\sigma}_{\overline{x}}$；

(7) 测量结果表示为 $x=\overline{x}\pm3\hat{\sigma}_{\overline{x}}$。

5. 间接测量列的数据处理方法

用间接测量法测得的测量列称为间接测量列。间接测量的特点是所需测量值 y 是各有关测量值 x_i 的函数，即

$$y=f(x_1,x_2,\cdots,x_n)$$

间接测量列的数据处理步骤如下：

(1) 建立函数关系式，根据函数关系式和各直接测量值 x_i 计算间接测量值 y_0；

(2) 按系统误差传递公式计算函数的系统误差 Δy；

(3) 按间接测量的测量极限误差公式计算 $\Delta_{\lim y}$；

(4) 确定测量结果为

$$y=(y_0-\Delta y)\pm\Delta_{\lim y}$$

3.2.5　测量不确定度

测量不确定度是根据所用到的信息，表征赋予被测量量值分散性的非负参数。通常用标准偏差或其倍数表示测量不确定度。当用标准偏差表示时，称为标准不确定度；合成标准不确定度是根据测量模型由测量中的各标准不确定度分量合成得到的；当用合成标准不确定度的倍数表示时，称为扩展不确定度。

测量误差不同于测量不确定度，两者的区别在教材表 3-3 中已经叙述。

测量不确定度的评定分为 A 类评定和 B 类评定，前者是对系列测量值采用统计方法，后

者采用非统计方法，其信息来源主要是校准证书、手册、以前的观测数据等。评定的关键是确定被测量和各输入量之间的函数关系。

报告测量结果时应给出其不确定度，即合成标准不确定度或扩展不确定度；对扩展不确定度应说明包含因子。

3.3 例题剖析

例 3-1 已知被测件为 M3 莫氏锥度规（见图 3-1），其锥角的公称值为 $\varphi_0=2°52'32''$。正弦规两圆柱中心距 $L=100\pm0.002$ mm，量块为 5 等。千分表的刻度值为 1 μm，示值稳定性不大于 0.5 μm，平板为 1 级。a、b 两点读数如表 3-1 所示。l 直接用钢尺测量，$l=50\pm0.3$ mm。在不垫量块的情况下，直接将正弦规的两圆柱放在平板上，检验正弦规工作面对平板的平行度，用千分表重复测量 3 次，结果是在垫量块的一侧平均高出 1 μm。试分析用正弦规间接测量锥度量规的误差，并对测量结果进行处理。

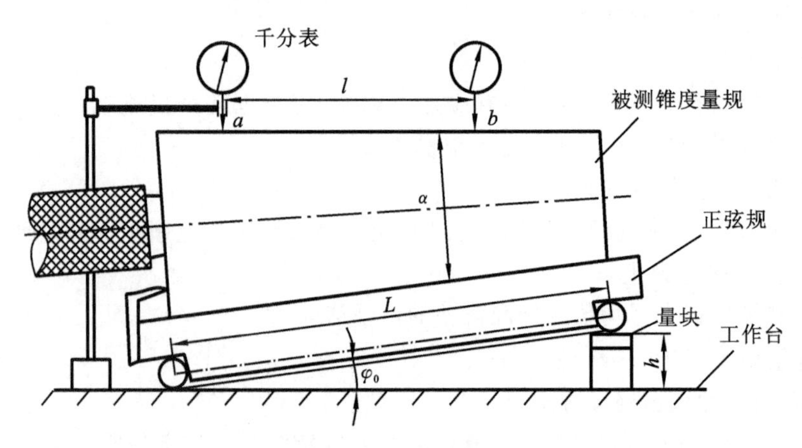

图 3-1　用正弦规间接测量锥度量规的误差示意图

表 3-1　a、b 两点读数

测量顺序	a_i	b_i	$\Delta_i=a_i-b_i$	$(\Delta_i-\overline{\Delta})^2$
1	0	−2.5	+2.5	0.25
2	0	−3.0	+3.0	0
3	−0.5	−3.5	+3.0	0
4	−0.5	−4.0	+3.5	0.25
5	0	−3.0	+3.0	0
$\sum$	—	—	15	0.50

解　(1) 列出间接测量的函数式

$$\sin\varphi_0 = h/L$$

被测锥角对标准角度 φ_0 的偏差 $\Delta\varphi$ 与给定距离 l 及圆锥母线在该长度上两点高度差 $\Delta=a-b$ 之间的关系为

$$\Delta\varphi \approx \frac{a-b}{l} = 2.06\times10^5\,\frac{\Delta}{l}\quad('')$$

而被测锥角即为　$\varphi = \varphi_0 + \Delta\varphi$

(2) 列出有关尺寸的直接测量结果或检定结果

测量锥角需要组合的量块尺寸

$$h = L\sin\varphi_0 = 100\sin 2°52'32'' \text{ mm} \approx 5.017 \text{ mm}$$

此尺寸可由教材表 3-1 的 91 块一套的量块中的三块组成，设其公称尺寸、实际偏差及检定极限误差为

$$h_1 = [(3 - 0.0004) \pm 0.0005] \text{ mm}$$
$$h_2 = [(1.01 + 0.0002) \pm 0.0005] \text{ mm}$$
$$h_3 = [(1.007 - 0.0002) \pm 0.0005] \text{ mm}$$

故该量块组经校正后的尺寸为：

$$h = h_1 + h_2 + h_3 = [(3 - 0.0004) + (1.01 + 0.0002) + (1.007 - 0.0002)] \text{ mm} = 5.0166 \text{ mm}$$

由这 3 个量块的检定极限误差带来的该量块组的极限误差为

$$\Delta'_{\lim h} = \pm\sqrt{0.0005^2 + 0.0005^2 + 0.0005^2} \text{ mm} \approx \pm 0.0009 \text{ mm}$$

计算千分表测得的 a、b 两点对平板的高度差 Δ_i，如表 3-1 所示。

$$\overline{\Delta} = \sum_{i=1}^{n}\Delta_i/n = 15/5\ \mu\text{m} = 3.0\ \mu\text{m}$$

$$s = \sqrt{\sum_{i=1}^{n}(\Delta_i - \overline{\Delta})^2/(n-1)} = \sqrt{0.5/(5-1)}\ \mu\text{m} \approx 0.35\ \mu\text{m}$$

高度差 Δ 的平均值的测量极限误差为

$$\Delta_{\lim\overline{\Delta}} = \pm 3\frac{s}{\sqrt{n}} = \pm\frac{3 \times 0.35}{\sqrt{5}}\ \mu\text{m} = \pm 0.50\ \mu\text{m}$$

因此，高度差的测量结果为　$\Delta = \overline{\Delta} \pm \Delta_{\lim\overline{\Delta}} = 3 \pm 0.5\ \mu\text{m}$

正弦规工作面对平板的平行度的测量极限误差可按千分表的示值稳定性 $\pm 0.5\ \mu\text{m}$ 的 $1/\sqrt{3}$ 进行估算($n=3$)。这相当于所垫量块有一附加高度偏差，即

$$h' = \left(1 \pm \frac{0.5}{\sqrt{n}}\right)\mu\text{m} = \left(1 \pm \frac{0.5}{\sqrt{3}}\right)\mu\text{m} \approx 1 \pm 0.30\ \mu\text{m}$$

(3) 计算被测锥角的实际值

①计算按系统误差校正后标准角度的实际值。$h = (5.0166 + 0.001)$ mm $= 5.0176$ mm，$L = 100$ mm，故

$$\sin\varphi'_0 = h/L = 5.0176/100 = 0.050176$$

得
$$\varphi'_0 = 2°52'34''$$

②按测得的高度差 $\overline{\Delta} = +3.0\ \mu\text{m} = 0.003$ mm 来计算实际锥角对上述标准角度的偏差

$$\Delta\varphi \approx 2.06 \times 10^5 \times \frac{+0.003}{50} \approx +12''$$

因此，该锥角的实际值为

$$\varphi = \varphi'_0 + \Delta\varphi \approx 2°52'34'' + 12'' = 2°52'46''$$

(4) 估算实际锥角的测量极限误差

①估算标准角度 φ_0 的测量极限误差。对 $\sin\varphi_0 = h/L$ 微分，可得其基本误差的合成关系式，即

$$\Delta\varphi_0 \approx \frac{1}{L}(\sec\varphi_0\Delta_h - \tan\varphi_0\Delta_L) = C_h\Delta_h + C_L\Delta_L$$

式中：$C_h = \frac{1}{L}\sec\varphi_0 = \frac{\sec 2°52'34''}{L} \approx 0.9988/100 \approx 0.01\ \text{mm}^{-1}$

$C_L = -\tan\varphi_0/L = -\tan 2°52'34''/100 \approx -0.05022/100 \approx -0.0005\ \text{mm}^{-1}$

由于 C_L 比 C_h 小得多，而 Δ_h、Δ_L 相差较小，故可略去正弦规中心距误差的影响，仅考虑高度误差 Δ_h 的影响。

高度 h 的测量极限误差 $\Delta_{\lim h}$ 应由所垫量块组尺寸的检定极限误差±0.9 μm 与正弦规工作面对平板平行度的测量极限误差±0.3 μm 随机合成，即

$$\Delta_{\lim h} = \pm\sqrt{0.9^2 + 0.3^2}\ \mu\text{m} \approx \pm 1\ \mu\text{m}$$

由此引起基准角度的测量极限误差为

$$\Delta'_{\lim 1} = \pm C_h \Delta_{\lim h} \approx \pm 0.01 \times 0.001\ \text{rad} \approx 2.06 \times 10^5 \times 0.00001 \approx \pm 2''$$

②估算锥角偏差 $\Delta\varphi$ 的测量极限误差 $\Delta'_{\lim 2}$。由 $\Delta\varphi = \overline{\Delta}/l$，近似得

$$\Delta_{\overline{\Delta}\varphi} \approx 2.06 \times 10^5\ \frac{l\Delta_{\overline{\Delta}} - \overline{\Delta}\Delta_l}{l^2} = 2.06 \times 10^5 (C_{\overline{\Delta}}\Delta_{\overline{\Delta}} + C_l\Delta_l)$$

式中：$C_{\overline{\Delta}} = \frac{1}{l} = 0.02\ \text{mm}^{-1}$

$C_l = -\overline{\Delta}/l^2 = -0.003/50^2 \approx -0.000001\ \text{mm}^{-1}$

由于 C_l 远小于 $C_{\overline{\Delta}}$，因此，给定长度 l 的测量极限误差的影响可以略去，仅考虑高度误差 $\overline{\Delta}$ 的影响。由此得锥角偏差的测量极限误差为

$$\Delta'_{\lim 2} = \pm 2.06 \times 10^5 \times 0.02 \times 0.0005 \approx \pm 2.1''$$

③实际锥角的测量极限误差由标准角度的测量极限误差 $\Delta'_{\lim 1}$ 与锥角偏差的测量极限误差 $\Delta'_{\lim 2}$ 随机合成，即

$$\Delta_{\lim} = \pm\sqrt{(\Delta'_{\lim 1})^2 + (\Delta'_{\lim 2})^2} \approx \pm\sqrt{2^2 + 2.1^2} \approx \pm 3''$$

故，锥角的间接测量结果最后可写为

$$\varphi = 2°52'46'' \pm 3''$$

3.4　习　　题

一、思考题

1. 分度值、刻度间距、灵敏度三者有何关系？试以百分表为例说明。
2. 什么是测量误差，其主要来源有哪些？
3. 系统误差、随机误差、粗大误差有何区别，如何进行处理？
4. 量块如何进行分等和分级？按等使用和按级使用有何区别？
5. 计量器具的基本度量指标有哪些？以光学比较仪为例说明。
6. 随机误差有哪些特征？

二、判断题（正确的打"√"，错误的打"×"）

1. 标准量具不能单独使用。　（　　）
2. 一个长方形量块的六个面的平面度的公差等级都应一致。　（　　）
3. 量规是指没有刻度的专用计量器具。量块没有刻度，因而量块属于量规类的计量器具。　（　　）
4. 使用的量块数越多，组合出的尺寸越准确。　（　　）

5. 游标卡尺是一种用途广泛的通用量具，无论何种游标卡尺均不能用于划线，以免影响其测量精度。（　　）

6. 测量结果中如果随机误差较大，则测量的精密度和正确度都不高。（　　）

7. 示值误差和示值稳定性是两个相关的概念。通常，示值误差大则示值稳定性差，示值误差小则示值稳定性好。（　　）

8. 在刻度间距一定的情况下，分度值越小，灵敏度越高；在分度值一定的情况下，刻度间距越大，灵敏度越高。（　　）

9. 精密测量的测量结果等于被测几何量的真值。（　　）

10. 随着重复测量次数的增加，测量结果的算术平均值趋近于真值，因此其测量结果的随机误差也趋近于零。（　　）

三、单项选择题

1. 一种计量器具要测量的读数越精确，就要求它的哪一个度量指标越小。（　　）

A. 刻度间距　B. 分度值　C. 稳定度　D. 示值范围

2. 下列测量器具中不符合阿贝原则的是（　　）

A. 机械比较仪　B. 螺旋测微仪　C. 游标卡尺　D. 卧式测长仪

3. 在数据处理时应该剔除的是（　　）。

A. 系统误差　B. 随机误差　C. 粗大误差　D. 绝对误差

4. 刻度间距和分度值之间的关系是（　　）。

A. 分度值越大，则刻度间距越大

B. 分度值越小，则刻度间距越大

C. 分度值大小和刻度间距大小无直接关系

D. 分度值与刻度间距成反比关系

5. 在精密测量中，对同一被测几何量作多次重复测量，其目的是为了减小（　　）对测量结果的影响。

A. 随机误差　B. 系统误差　C. 粗大误差　D. 绝对误差

6. 下列量具中，属于标准量具的是（　　）。

A. 游标卡尺　B. 千分尺　C. 光滑极限量规　D. 量块

7. 光学比较仪的原理是（　　）。

A. 光波干涉　B. 光的衍射　C. 影像变换　D. 光学杠杆变换

8. 以下测量仪器中具备坐标测量功能的是（　　）。

A. CMM　B. 光学比较仪　C. 游标卡尺　D. 干涉显微镜

9. 以下关于测量不确定度的表述中，正确的是（　　）。

A. 能用来修正测量结果

B. A类不确定度就是用非统计的方法评定的不确定度

C. B类不确定度就是用统计的方法评定的不确定度

D. 用标准偏差或其倍数的半宽度表示，并要说明置信概率

10. 以下表述中正确的是（　　）。

A. 无论哪种系统误差都可以从测量系列值中发现

B. 测量准确度是系统误差和随机误差的综合反映

C. 精密度反映系统误差的影响

D. 正确度反映随机误差的影响

四、综合与计算题

1. 仪器读数在 20 mm 处的示值误差为+0.002 mm，当用它测量工件时，读数正好为 20 mm，工件的实际尺寸是多少？

2. 用名义尺寸为 20 mm 的量块在机械比较仪调整零位后，测量一塞规的尺寸，指示表的读数为+6 μm。若量块的实际尺寸为 19.9995 mm，不计仪器的示值误差，试确定该仪器的调零误差（系统误差）和修正值，并求该塞规的实际尺寸。

3. 如图 3-2(a)所示样板，图样设计要求为角度 $\alpha=15°30'\pm20'$，尺寸 $S=20\pm0.009$ mm。现采用图 3-2(b)所示的方法间接测量 S 的值，首先准确地测出角度 α 和圆柱直径 d，再测出精密圆柱上方母线至平板距离 H，最后通过计算求出 S 的值。

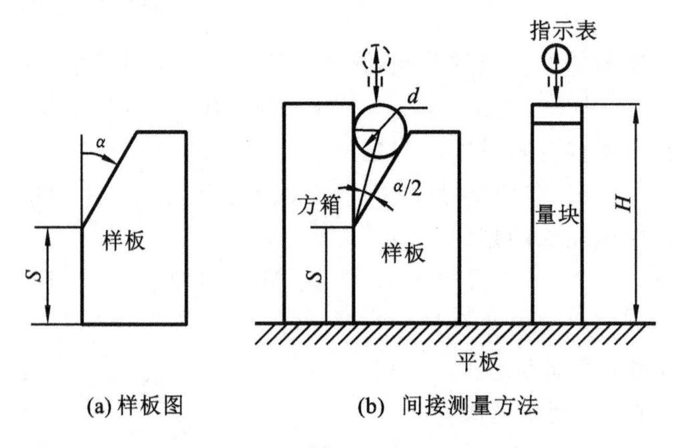

(a) 样板图　　(b) 间接测量方法

图 3-2

已知各参数实际测得值、系统误差和测量极限误差分别为

$$\alpha=15°30',\Delta\alpha=+15''(=0.000072\ \text{rad}),\delta_{\lim(\alpha)}=\pm7''$$

$$d=4.0050\ \text{mm},\Delta d=+0.0030\ \text{mm},\delta_{\lim(d)}=\pm0.0005\ \text{mm}$$

$$H=36.7300\ \text{mm},\Delta H=+0.0015\ \text{mm},\delta_{\lim(H)}=\pm0.0007\ \text{mm}$$

试求：S 的实际值及其测量极限误差 $\delta_{\lim(S)}$，并判断该被测样板是否合格。

3.5 部分习题答案与选解

二、判断题

1. √　2. ×　3. ×　4. ×　5. ×　6. ×　7. ×　8. √　9. ×　10. ×

三、单项选择题

1. B　2. C　3. C　4. C　5. A　6. D　7. D　8. A　9. D　10. B

四、综合与计算题

1. 解：(20－0.002) mm＝19.998 mm

2. 解：调零误差为＋0.0005 mm，修正值为－0.0005 mm，塞规实际尺寸为(20＋0.006－0.0005) mm＝20.0055 mm。

3. 解：

(1) 列出函数关系式，并求出函数值。

$$S=H-\frac{d}{2}\left(1+\cot\frac{\alpha}{2}\right)$$

将直接测得值 H、d 、α 代入上式计算，得

$$S=\left[36.7300-\frac{4.0050}{2}(1+\cot 7°45')\right]\ \text{mm}\approx 20.0130\ \text{mm}$$

（2）对函数求全微分，计算误差传递系数。

$$dS=\frac{\partial S}{\partial H}dH+\frac{\partial S}{\partial d}dd+\frac{\partial S}{\partial \alpha}d\alpha$$

式中：$\frac{\partial S}{\partial H}=1$；

$\frac{\partial S}{\partial d}=-\frac{1}{2}(1+\cot 7°45')=-4.174$；

$\frac{\partial S}{\partial \alpha}=\frac{d}{4\sin^2 7°45'}=\frac{4.0050}{0.0727}\ \text{mm}=55.089\ \text{mm}=55089\ \mu\text{m}$。

（3）求函数的系统误差。

$$\Delta S=\frac{\partial S}{\partial H}\Delta H+\frac{\partial S}{\partial d}\Delta d+\frac{\partial S}{\partial \alpha}\Delta\alpha=(+1.5-4.174\times 3+55089\times 0.000072)\ \mu\text{m}$$
$$=-7.06\ \mu\text{m}$$

（4）求函数的测量极限误差。

$$\delta_{\lim(S)}=\sqrt{\left(\frac{\partial S}{\partial H}\right)^2\delta^2_{\lim(H)}+\left(\frac{\partial S}{\partial d}\right)^2\delta^2_{\lim(d)}+\left(\frac{\partial S}{\partial \alpha}\right)^2\delta^2_{\lim(\alpha)}}$$
$$=\pm\sqrt{0.7^2+(-4.174)^2\times 0.5^2+55089^2\times 0.000036^2}\ \mu\text{m}\approx\pm 2.96\ \mu\text{m}$$

写出测量误差及测量极限误差

$$S=[20.0130+(-0.0071)\pm 0.0030]\ \text{mm}=(20.0059\pm 0.0030)\ \text{mm}$$

根据测量与计算结果可知该样板合格。

第4章　几何公差及误差检测

4.1　基本内容与学习要求

本章是互换性与技术测量课程最重要的一章，涉及几何要素的形状、方向、位置和跳动公差，也涉及如何处理尺寸公差和几何公差的问题。本章是机械设计、制造时应用最广、使用最多的基础内容。

本章的主要内容与学习要求：

(1) 了解几何公差的基本概念；

(2) 在《工程图学》课程基础上，进一步掌握几何公差项目的标注方法；

(3) 理解并掌握常见几何公差的公差带形状、方向、位置及其特点；

(4) 初步了解几何误差的测量与评定方法；

(5) 深入理解公差原则的含义；

(6) 掌握几何公差选择的基本原则。

本章重点：

(1) 几何要素的分类；

(2) 几何公差及其公差带的含义；

(3) 直线度、平面度误差的评定方法；

(4) 公差原则及其含义。

本章难点：

(1) 几何要素的分类；

(2) 几何公差带的特点及其含义；

(3) 平面度误差的评定；

(4) 包容要求、最大实体要求、最小实体要求及可逆要求的含义及应用；

(5) 动态公差图。

4.2　知识要点、重点和难点解读

4.2.1　与几何公差有关的基本概念

1. 几何要素的概念

几何要素是指构成机械零件的点、线、面。其中：点包括圆心、球心、中心点、交点等；线包括直线(平面直线、空间直线)、曲线、轴线、中心线等；面包括平面、曲面、圆柱面、圆锥面、球面、中心面等。无论多么复杂的零件，都是由若干要素构成的。所有的几何公差项目都需要针对具体的要素进行规定才具有意义。

由于加工过程中存在机床本身传动链、主轴、导轨的误差，以及刀具的几何误差和磨损，加工中的受力变形和热变形等各种因素的影响，实际加工出来的零件不仅存在着尺寸的差异，也存在着形状的不规则，同时其相关要素间在位置、方向等方面与理想要求同样存在着差异。

2. 几何要素的分类

几何要素按存在状态，分为提取要素和拟合要素；按检测关系，分为被测要素和基准要素；按结构特征，分为组成要素和导出要素；按功能特征，分为单一要素与关联要素。

各类分类方法又可交叉形成各种组合概念，如公称组成要素、公称导出要素、提取组成要素、提取导出要素、拟合组成要素、拟合导出要素等。

例如，公称组合要素是指通过图样或其他方法确定的仅在理论上存在的、具有正确形状的点、线、面，不存在几何误差。而实际组合要素(因不存在实际导出要素，故实际组合要素也称实际要素)是在实际零件上存在的点、线、面，因而是存在误差的。

提取组成要素是按照规定的测量方法，从加工出来的实际零件表面上提取有限数目的点所形成的、用来代替实际要素的要素。如测量一个轴类零件的圆度误差，需要从该轴的横截面上测量若干个点。譬如，均匀地测量了120个点，那么这120个点就形成了被测圆的一个提取组成要素，可以代替实际的横截面用来评定圆度误差、计算局部直径。这个提取组成要素是由120个点构成的，因而是不连续的，但只要是按照规定的方法来提取的点，就可以用来反映被测圆的形状特征，因而可以作为计算和评定该横截面圆度的基础。

提取导出要素是由一个或几个提取组成要素得到的中心点、中心线或中心面，它不能直接得到。如上述横截面的提取圆心可以通过提取到的这120个点，利用最小二乘法计算得到。

3. 几何公差的特征项目

GB/T 1182—2008给出了形状公差、方向公差、位置公差、跳动公差四大类几何公差项目。其中比较独特的是线轮廓度和面轮廓度，当在标注线轮廓度和面轮廓度的公差框格中没有基准符号时，该轮廓度和面轮廓度是形状公差，而有基准符号时是方向公差或位置公差。

4. 几何公差带的特征

与尺寸公差带只有大小和位置不同，几何公差带有四个要素：公差带的形状、大小、方向和位置。要了解所标注的每一个几何公差的含义及对其制造的实质要求与意义，首先必须清楚该公差带的这四个要素。

如教材第4.1.5节所述，几何公差带有九种主要的形状。几何公差带是用来限制几何要素的变动的，一个要素所标注的几何公差的公差带形状首先与所限制的要素本身有关，其次与标注的方法有关。如限制一个平面的变动，只能有两种形状的公差带：两平行直线间区域，两平行平面间区域，不可能用圆、圆柱、曲线、曲面等去限制。限制一个圆的变动只能由两个同心圆进行，不可能用两条直线去限制，因而其公差带只有两个同心圆之间区域这一种形状。平面直线的形状、方向只会在平面内变动，因此可以用两平行直线去限制。而对于空间直线，其变动可以是任意方向的，而不是一个平面内的，因此需要根据使用要求确定是限制它在某个方向的变动还是限制它在任意方向的变动。如果只需要限制该直线在某一个方向或相互垂直的两个方向的变动，其公差带就是两平行平面间区域。如果要限制空间直线在任意方向的变动，就要用一个圆柱面去限制，其公差带就是圆柱面内区域，那么在任意方向该直线所允许的变动是一样的。

几何公差带的大小由几何公差值决定。

几何公差带的位置和方向与标注有关。对形状公差来说，其公差带的方向和位置都是浮动的，只能控制要素的形状误差。对方向公差来说，其公差带的方向是固定的，但位置是浮动的，可同时控制要素的方向误差和形状误差。对位置公差来说，其公差带的方向、位置一般都是固定的，可同时控制要素的位置误差、方向误差和形状误差。跳动公差带的方向和位置都是固定的，可以控制被测要素的形状、方向和位置变动。

4.2.2 几何误差的测量和评定

几何误差是指被测提取要素对其拟合要素的变动量。在评定几何误差时，通常用一个包容区域来包容通过测量得到的提取要素，包容区域的宽度或直径表示几何误差的大小。评定几何误差的包容区域具有与该几何公差的公差带同样的形状、方向、位置特征，而包容区域的大小随被测零件的不同、提取方法与获得的提取要素不同可能有区别。如圆柱度公差带是半径差为圆柱度公差的两同轴圆柱面内区域，那么评定圆柱度的包容区域也是包容被测提取圆柱面的两同轴圆柱面内区域。如果公差带相对于基准的方向和(或)位置是确定的，那么包容区域相对于基准的方向和(或)位置也是确定的。

1）形状误差的评定与最小条件

形状公差带的方向和位置都是浮动的，因此，在评定形状误差时，由于拟合要素的不同，包容被测提取要素的包容区域的方向、位置、宽度(或直径)也不同，理论上存在着无数个能包容被测提取要素的包容区域，评定形状误差时要尽可能找出那一个使包容区域的宽度(或直径)最小的拟合要素，即符合最小条件的拟合要素。

最小条件是指在评定形状误差时，应使评定出的误差值最小(被测提取要素对其拟合要素的最大变动量为最小)。规定最小条件的目的是使评定结果唯一，而且使工件最容易通过合格判定，减少误废。

最小条件是评定形状误差的基本原则。评定形状误差的关键是找到符合最小条件的拟合要素。在满足零件功能要求的前提下，允许采用近似方法评定形状误差。

2）直线度误差的测量和评定

直线度误差的测量方法很多，GB/T 11336—2004《直线度误差检测》将其分为直接方法、间接方法、组合方法。直接方法是通过测量可以直接获得被测直线各点坐标值或直接评定直线度误差值的测量方法，如间隙法、指示器法、干涉法、三坐标测量机测量法等。间接方法是通过测量不能直接获得被测直线各点坐标值，需通过数据处理获得各点坐标值的测量方法。如水平仪法、自准直仪法、跨步仪法、表桥法、平晶法等。自准直仪法、水平仪法是比较常用的方法。组合方法是通过两次测量，利用误差分离技术，消除测量基线本身的直线度误差，从而提高测量精度的测量方法，根据消除基线误差的方式，组合方法有正向消差法、移位消差法、多测头法等。

平面内直线的直线度误差的评定要注意以下几点。

(1) 采用水平仪、自准直仪等角度测量仪器测量直线度时，应对原始测量值进行累加后，才能作误差曲线图；采用表桥法、跨步仪法、平晶法测量直线度时，要将各点转化为相对于同一坐标系的坐标值。

(2) 采用直接测量方法进行测量，得到的所有测量点的值均为相对于同一基准的坐标值，则不需要进行累加，直接作误差曲线图；如通过三坐标测量机测量直线度则在测点提取完毕后可由软件直接计算出直线度误差。

(3) 包容区域应包容所有点，并和提取点构成的误差曲线外接。

(4) 直线度误差评定的拟合直线可以作无数条，应尽量找出符合最小条件的拟合直线，因此评定的关键是确定拟合直线。

(5) 最小区域法就是过两低点(或两高点)作拟合直线,由此确定的包容区域是一条直线过两低点(或两高点),另一直线过高点(或低点)且平行于两低点(或两高点)连线。这里所讲的高点和低点并不是坐标值最大和最小的两个点,而是从整个轮廓走向上看到的高点和低点。

(6) 在生产现场,也经常采用两端点连线法,即将通过首末两端点的连线作为拟合直线,此时的包容区域是平行于两端点连线且与被测直线外接的两平行直线间区域。

(7) 量取包容区域宽度时应按“坐标方向不变”的原则量取,通常就是沿 Y 轴方向量取。

给定一个方向、给定两个方向、任意方向的直线度误差评定和平面内直线度误差评定有所不同,可采取向某一个平面投影后进行评定的近似方法。

3) 平面度误差的测量与评定

凡是测量直线度的方法都可以用来测量平面度。GB/T 11337—2004《平面度误差检测》规定了平面度误差的测量方法、评定方法和数据处理方法。如果采用指示器法进行测量,测得平面上各点相对于测量基面的偏离量,然后由这些偏离量进而评定平面度误差值。如果测量前已将两对角线的角点或任意三远点调成等高,则被测面相对测量基面的偏离量的最大值减最小值就是该平面的平面度误差。如果用三坐标测量机法测量,其数据直接采用计算机处理从而得到被测平面的平面度误差。

平面度误差评定的关键是确定拟合平面(实际上也是评定基准面),从而确定包容被测提取平面的包容区域。评定的方法包括最小区域法、三远点法、对角线法,也就是三种不同的确定拟合平面的方法。由于平面度公差带的方向和位置是浮动的,因此,对提取平面进行旋转和平移不影响平面度误差的评定结果。通过将平面上各点的坐标值进行适当的平移和旋转找出符合相应判断准则要求的拟合平面,这种转换和平移的标志是将用来确定拟合平面的三个(或两个)点的坐标转换为相等,然后将相对于这个拟合平面的高点和低点的坐标值相减,所得的差值就是该平面相对于此拟合平面的平面度误差。

(1) 最小区域法　用最小区域法评定平面度误差,应使提取(实际)平面全部包容在两平行平面之间,而且还应符合三角形准则、交叉准则、直线准则这三种情况之一。一般来说,采用何种准则应根据被测平面的大致走势来判断。如果从整个平面走势看,大致是中间低四周高(或中间高,四周低),则拟采用三角形准则;如果整个平面呈扭曲的面,某一个方向比较高,与之相交的另一个方向比较低,则拟采用交叉准则;如果在某条测点线上中间比较高、两端比较低(或中间比较低、两端比较高),则拟采用直线准则。评定平面度误差时要通过旋转和平移使三个(或两个)高点(或低点)的坐标转换为相等。

(2) 对角线法　拟合平面通过被测实际面的一条对角线,且平行于另一条对角线,实际面上距该基准面的最高点与最低点的代数差为平面度误差。评定平面度误差时要通过旋转和平移分别将对角线的两端点的坐标转换为相等。

(3) 三远点法　拟合平面通过被测实际面上相距最远且不在一条直线上的三点(通常为三个角点),提取平面上距此拟合平面的最高点与最低点的代数差即为平面度误差。评定平面度误差时要通过旋转和平移分别将三个远点的坐标转换为相等。

4) 方向误差的评定

方向误差是被测提取要素对一具有确定方向的拟合要素的变动量,拟合要素的方向由基准确定。因此评定方向误差的包容区域的方向是固定的(因而该区域也称为定向包容区域),该包容区域的位置随被测提取要素的位置可以浮动。

5）位置误差的评定

位置误差是被测提取要素对一具有确定位置的拟合要素的变动量，拟合要素的位置由基准和理论正确尺寸确定。因此评定位置误差的包容区域的位置是固定的（因而该区域也称为定位包容区域），不因被测提取要素的位置而浮动。

6）跳动误差

按照跳动公差的定义，跳动误差值通过测量直接获得，故不需要考虑评定的方法。

4.2.3　公差原则

公差原则是处理尺寸公差和几何公差之间关系的原则，包括独立原则、包容要求、最大实体要求、最小实体要求。

形状误差应由单独标注的形状公差、一般几何公差或包容要求、最大实体要求、最小实体要求控制。

不论注有公差要素的提取要素的局部尺寸如何，提取要素均应位于给定的几何公差带之内，并且其几何误差允许达到最大值。

尺寸要素是由一定的线性尺寸或角度尺寸确定的几何形状。一个尺寸要素对应着相应的组成要素和导出要素。如一个由直径 $\phi30$ mm 确定的圆柱就是一个尺寸要素，该圆柱的组成要素是圆柱面，导出要素是该圆柱面的轴线。一个零件是由若干个尺寸要素组成的，每个尺寸要素的尺寸精度要求及其相应的组成要素、导出要素的几何精度要求往往是不同的。图样上的几何公差和尺寸公差的标注大致有以下几种情况。

（1）尺寸要素只标注公称尺寸，没有标注尺寸公差，其相应的几何要素也没有标注几何公差。此时，实际零件只需要满足未注尺寸公差和未注几何公差的要求。图样上的大多数要素都属于这种情况，这种尺寸要素一般不需要检验。即使进行检验，检验的结果往往也不作为判断零件合格与否的依据。

（2）尺寸要素标注有尺寸公差，但其相应的几何要素没有标注几何公差，此时实际零件的局部尺寸必须限制在上极限尺寸和下极限尺寸之间，其几何误差由未注几何公差控制。

（3）尺寸要素没有标注尺寸公差，但其相应的几何要素标注有几何公差，此时实际零件的局部尺寸由未注尺寸公差控制，其几何误差由几何公差控制。

（4）尺寸要素既标注有尺寸公差，其相应的几何要素还标注有几何公差。

前面三种情况不存在尺寸公差和几何公差之间关系的处理问题，第四种情况就属于公差原则所针对的问题，需要根据标注的具体情况来分析。

1. 有关术语

1）最大实体状态和最小实体状态

对于切削加工来说，零部件具有的材料量是随着加工的进行而逐步减少的，最大实体状态、最小实体状态是假定提取组成要素的局部尺寸处处位于极限尺寸，从而具有允许的材料分别为最多和最少的状态。用来确定最大实体状态的尺寸就是最大实体尺寸，用来确定最小实体状态的尺寸就是最小实体尺寸。

对于孔来说，其最大实体尺寸是其下极限尺寸，其最小实体尺寸是其上极限尺寸。

对于轴来说，其最大实体尺寸是其上极限尺寸，其最小实体尺寸是其下极限尺寸。

从加工的角度看，最大实体尺寸是零件开始合格的始极限，从这个尺寸开始，零件的尺寸开始合格；最小实体尺寸是零件合格的终极限，超过这个极限，零件的尺寸是不合格的。

最大实体边界和最小实体边界分别是尺寸为最大实体尺寸、最小实体尺寸且具有理想形状的一种极限包容面。

2）最大实体实效尺寸和最小实体实效尺寸

最大实体实效尺寸(最小实体实效尺寸)是尺寸要素的最大实体尺寸(最小实体尺寸)与其导出要素的几何公差(形状、方向或位置)共同作用产生的尺寸。最大(小)实体实效状态是拟合要素的尺寸为其最大(小)实体实效尺寸时的状态,最大(小)实体状态对应的极限包容面称为最大(小)实体实效边界。在最大实体要求和最小实体要求中,提取组成要素分别不得超越最大实体实效边界和最小实体实效边界。

2. 独立原则

当图样上的几何要素标注有几何公差的要求,但没有标注相关要求的相应符号时,图样上规定的该要素的几何公差和尺寸公差相互独立,应分别予以满足。尺寸公差控制提取要素的局部尺寸的变动量;几何公差控制提取组成要素的几何误差。

独立原则一般用于对零件的几何公差有其独特的功能要求的场合。

3. 相关要求

相关要求就是尺寸公差和几何公差相互关联,判断工件是否合格需要把实际零件的局部尺寸和几何误差对照尺寸公差和几何公差综合起来判断。相关要求包括包容要求、最大实体要求、最小实体要求、可逆要求。

包容要求、最大实体要求、最小实体要求的比较如表 4-1 所示。当最大实体要求、最小实体要求没有与可逆要求一起使用时,提取组成要素的局部尺寸都必须在最大实体尺寸和最小实体尺寸之间,即在上极限尺寸和下极限尺寸之间,这三个要求的关键区别就是要求遵守的边界不同。包容要求需遵守的边界是最大实体边界,最大实体要求需遵守的边界是最大实体实效边界,最小实体要求需遵守的边界是最小实体实效边界。通过检验判断局部尺寸是否在上极限尺寸和下极限尺寸之间,以及提取组成要素是否超出相应边界,就能判断零件是否合格。因此,了解这三个原则,首先必须弄清楚这三个边界的概念。

表 4-1　公差原则的比较

项目	独立原则	包容要求	最大实体要求	最小实体要求
适用对象	—	对要素	导出要素	导出要素
标注	遵循独立原则的尺寸公差和几何公差在图样上不标注任何附加标记	在尺寸公差后标Ⓔ	用于注有公差的要素,在几何公差值后标Ⓜ; 用于基准要素时,在基准符号后标Ⓜ	用于注有公差的要素,在几何公差值后标Ⓛ; 用于基准要素时,在基准符号后标Ⓛ
边界	—	最大实体边界 孔:$D_M = D_{min}$ 轴:$d_M = d_{max}$	最大实体实效边界 $D_{MV} = D_{min} - t$ $d_{MV} = d_{max} + t$	最小实体实效边界 $D_{LV} = D_L + t = D_{max} + t$ $d_{LV} = d_L - t = d_{min} - t$
原则内容	尺寸公差和几何公差相互独立	提取要素的局部尺寸应在最大实体尺寸和最小实体尺寸之间; 提取组成要素不得超出最大实体边界	提取要素的局部尺寸应在最大实体尺寸和最小实体尺寸之间; 提取组成要素不能超越最大实体实效边界	提取要素的局部尺寸应在最大实体尺寸和最小实体尺寸之间; 提取组成要素不能超越最小实体实效边界

续表

项目	独立原则	包容要求	最大实体要求	最小实体要求
检验	分别检验局部尺寸、几何误差，对照极限尺寸和几何公差分别独立地进行判断	用两点法检验局部尺寸是否超出最大、最小实体尺寸； 用综合量规或CMM检验提取组成要素是否超出最大实体边界	用两点法检验局部尺寸是否超出最大、最小实体尺寸； 用综合量规或CMM检验提取组成要素是否超出最大实体实效边界	用两点法检验局部尺寸是否超出最大、最小实体尺寸； 用通用量仪测量最小壁厚或最大距离或CMM等方法判断提取组成要素是否超出最小实体实效边界
应用场合	保证功能要求	保证配合性质	保证可装配性	保证强度或壁厚

4. 可逆要求

可逆要求只能和最大实体要求或最小实体要求联合使用，不能单独使用。

当可逆要求用于最大实体要求时，若几何误差小于几何公差，其偏离值可以用来补偿给尺寸公差，此时局部尺寸可以超出最大实体尺寸；即对外要素可以大于上极限尺寸，局部尺寸最大时可以达到最大实体实效尺寸（上极限尺寸＋几何公差）；对内要素可以小于下极限尺寸，局部尺寸最小时可以达到最大实体实效尺寸（下极限尺寸－几何公差）。

4.2.4 几何公差的选择

几何公差的选择包括公差特征项目、数值、基准、公差原则四个方面的选择。

1. 几何公差特征项目的选择

几何公差特征项目选择得是否合理，将直接影响零件的使用性能，影响加工、测量的效率和制造成本。因此，选择几何公差特征项目的原则是在保证零件使用性能的前提下，尽量减少所选择的几何公差项目的数量，并尽量使控制几何误差的方法简化。

几何公差特征项目应根据零件本身的形状、结构确定，例如：圆柱形零件，可选择圆度、圆柱度、轴线直线度及表面素线直线度等项目；零件的平面可选择平面度，窄长的平面可选择直线度；凸轮类零件可选择线轮廓度，较大面积的曲面类零件可选择面轮廓度。

选择几何公差特征项目还应考虑检测条件、检测经济性。例如，跳动误差检测方便，能较好地控制相应的几何误差。对于轴类零件，可用径向圆跳动代替圆度和同轴度，用端面全跳动代替端面对轴线的垂直度。

2. 几何公差数值的选择

应根据零件的精度要求、加工的经济性和零件的结构、刚度等因素查表来选择几何公差数值。通常多采用类比法，还可以通过查找机械设计手册和相关国家标准（如滚动轴承、齿轮等）确定。

3. 基准的选择

基准是确定关联要素间方向或位置的依据。在考虑选择方向、位置和跳动公差项目时，必须同时考虑要采用的基准，并考虑是采用单一基准、公共基准还是基准体系。选择基准时，主要考虑以下几个方面。

（1）根据关联要素的功能及被测要素间的几何关系来选择基准。如轴类零件，通常以两个轴承为支承旋转，其回转轴线是安装轴承的两轴颈公共轴线，因此，从功能要求和控制其他要素的位置精度看，应选两轴颈的公共轴线为基准。

(2) 根据装配关系，应选择零件相互结合、相互接触的表面作为各自的基准，以保证装配要求。

(3) 从加工、检测角度看，应选择在加工、检测中定位的相应要素为基准。

4. 公差原则的选择

表 4-1 给出了几个公差原则的适用场合。独立原则是处理几何公差与尺寸公差的基本原则，主要用于以下场合。

(1) 尺寸精度和几何精度要求都比较严格，且需要分别满足要求。如齿轮箱体孔，为了保证与轴承的配合性质和齿轮副的正确啮合，要分别保证箱体孔、齿轮孔的尺寸精度和箱体孔之间距离的尺寸精度、轴线的平行度要求。

(2) 尺寸精度和几何精度要求相差较大。如印刷机的辊筒尺寸精度较低、圆柱度要求较高。

(3) 为了保证运动精度、密封性等特殊要求，通常单独提出与尺寸精度无关的几何公差要求。如机床导轨，直线度要求严格，尺寸精度次之。

(4) 一些尺寸公差与几何公差无关联的零件也广泛采用独立原则。

相关要求的各项原则的应用如表 4-1 所示，可逆要求只能与最大实体要求和最小实体要求联用。采用可逆要求能充分利用公差带，扩大被测要素局部尺寸变动的范围，提高经济效益，在不影响使用性能要求的前提下可以选用。

4.3 例题剖析

例 4-1 如教材图 4-14 所示，用打表法测量一窄长平板的直线度误差，测量数据(单位：μm)为：0，−1，+3，+5，−2，−3，+7，+5，−4，−2，+6。试评定该直线的直线度误差。

解 通过测量数据作误差曲线图如图 4-1 所示。用类似教材例 4-1 的方法，可以评定该直线的直线度误差。

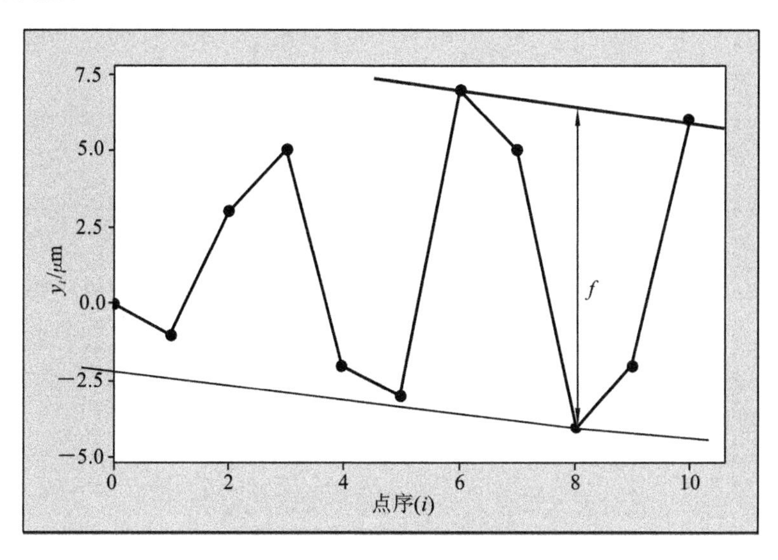

图 4-1 例 4-1 的直线度误差的评定

$$f=\left[\left(7-\frac{1}{4}\times 2\right)-(-4)\right]\ \mu\text{m}=10.5\ \mu\text{m}$$

本例和教材例 4-1 均属于同一种类型，即测量数据均基于同一基准平面进行(即测量中使用的平台)，所以应直接用测量数据作误差曲线图。而教材例 4-2 采用的是角差法(即由于前后两点相对于水平面等基准平面的高度不一致，从而通过测量两点连线相对于基准平面的角度来间接获取两点高度差的方法)，因此必须将所有数据转换为相对于同一基准平面的高度差，故应对所有数据进行累加，然后用累加后的数据作误差曲线图。这是这两种方法的本质区别，在使用时必须注意。

例 4-2　用最小区域法评定以下几个平面的平面度误差，数据都已转换为相对某个平面的坐标值(单位：μm)。

解　(1) 观察图 4-2(a)的整体走向，大致可以看出：从左至右，除中间点 −4 坐标值最小外，其余坐标点的值呈逐步增大的趋势。因此初步确定采用最小区域法的三角形准则。选择左上角坐标点 −1、1 和 9 三个点作为高点，−4 作为低点进行转换。

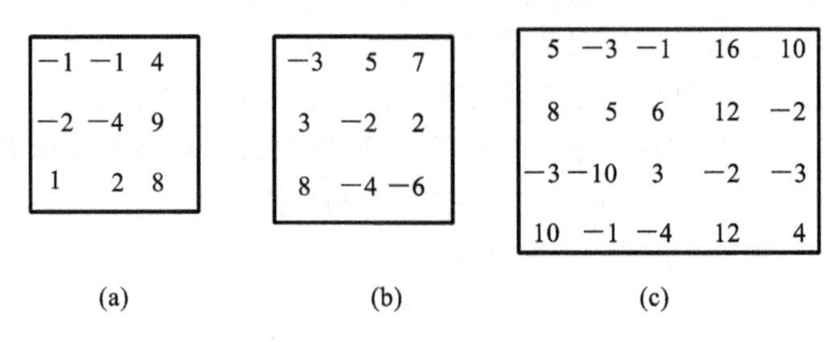

图 4-2　例 4-2 图

通过转换后，可以看到三个坐标值为 1 的点是高点，坐标值为 −7.5 的点是低点，且处于三高点形成的三角形内，符合三角形原则，由此可得平面度误差为

$$f=[1-(-7.5)]\ \mu\text{m}=8.5\ \mu\text{m}$$

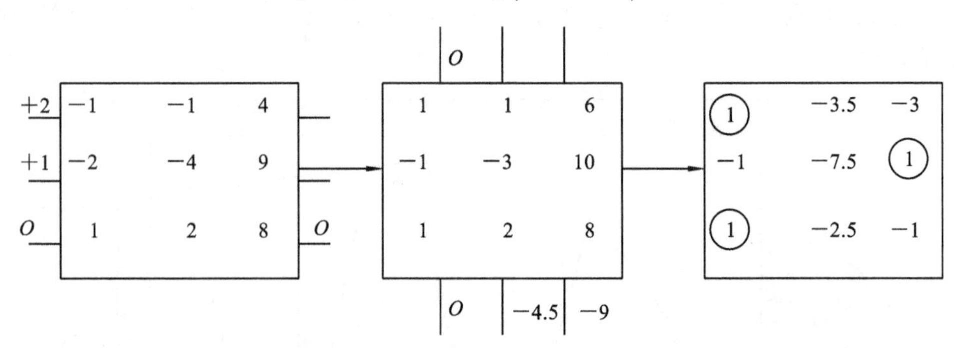

(2) 观察图 4-2(b)所示数据可以看出，沿着点 8、点 7 的对角线坐标值比较高，沿着点 −3、点 −6 的对角线方向的坐标值比较低，而且两个高点和两个低点的连线是交叉的，故初步确定采用最小区域法的交叉准则。选择左上角坐标点 −3 和右下角坐标点 −6 作为低点，将点 8、点 7 作为高点进行转换。

通过转换后，可以看到两个坐标值为 8 的点是高点，坐标值为 −4 的点是低点，且两高点连线和两低点连线交叉，符合交叉准则。由此可得平面度误差为

$$f=[8-(-4)]\ \mu\text{m}=12\ \mu\text{m}$$

(3) 观察图 4-2(c)所示数据可以看出，低点 −10 在高点 10 和 16 的连线上，除此之外还有

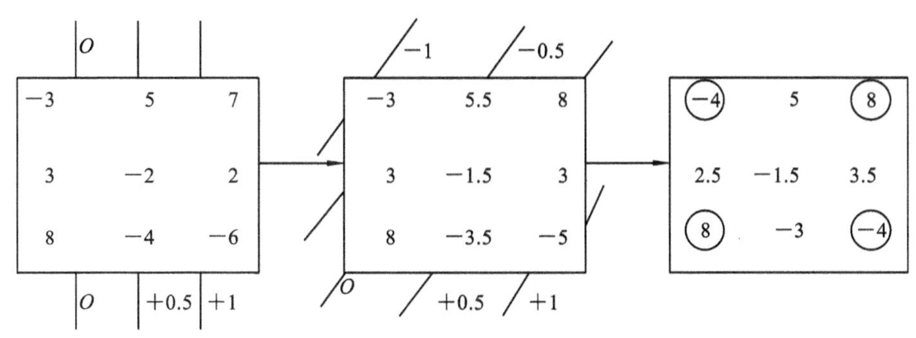

两个坐标为 12 的点，但和 16 同在一条竖线上，因 16 和 10 差别较大，故旋转后坐标值不会高于点 10。故初步确定采用最小区域法的直线准则。选择右上角坐标点 16 和左下角坐标点 10 作为高点，将点 −10 作为低点进行转换。

通过转换后，可以看到两个坐标值为 10 的点是高点，坐标值为 −12 的点是低点，且低点位于两高点连线上，符合直线准则。由此可得平面度误差为

$$f=[10-(-12)]\ \mu\text{m}=22\ \mu\text{m}$$

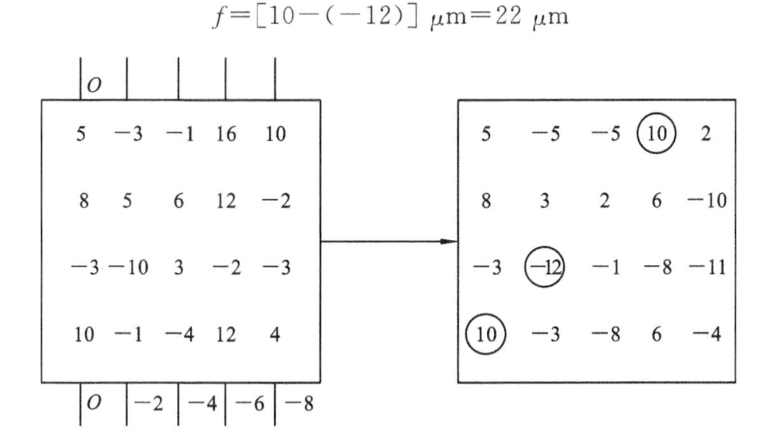

例 4-3　画出图 4-3 中被测要素的动态公差带图。

解　各被测要素的动态公差带图如图 4-4 所示。需要说明的是图 4-4(f)是 ϕ80 处于最大实体状态(MMC)时的动态公差图。若基准要素偏离 MMC 时，同轴度误差可以超过 0.04 mm。设基准要素和 ϕ60 均处于 LMC 时，允许的同轴度误差最大可为同轴度公差(ϕ0.1 mm)＋ϕ60 的尺寸公差(0.1 mm)＋ϕ80 的尺寸公差(0.1 mm)＝ϕ0.3 mm。

例 4-4　选择图 1-1 的输出轴(见图 1-2)的几何公差。

解　(1) 2×ϕ45k6 圆柱面：这两个圆柱面是该轴的支承轴颈，安装了圆锥滚子轴承，其轴线是该轴的装配基准，故应以该轴的公共轴线为设计基准。两个轴颈安装滚动轴承后，轴承的外圈将分别与减速器箱体的两孔配合，因此需要限制两轴颈的同轴度误差，以保证轴承外圈和箱体孔的安装精度。为了检测方便，可以用两个轴颈的径向圆跳动公差代替同轴度公差，考虑到轴承等级，参照教材表 4-10，确定 6 级径向圆跳动公差，即 12 μm。ϕ45k6 是与 P0 级轴承内圈相配合的重要表面，为了保证配合性质，故采用了包容要求。为了保证轴承的旋转精度，在遵守包容要求的前提下，还需要提出圆柱度公差的要求。参照教材表 7-4 确定为 5 μm(也是教材表 4-8 的 6 级)。

(2) ϕ56 mm 处的轴肩：两个圆锥滚子轴承一个采用轴套轴向定位，另一个通过 ϕ56 mm 轴肩轴向止推，并起到一定的定位作用。为了保证轴向定位精度，需要规定端面圆跳动公差。

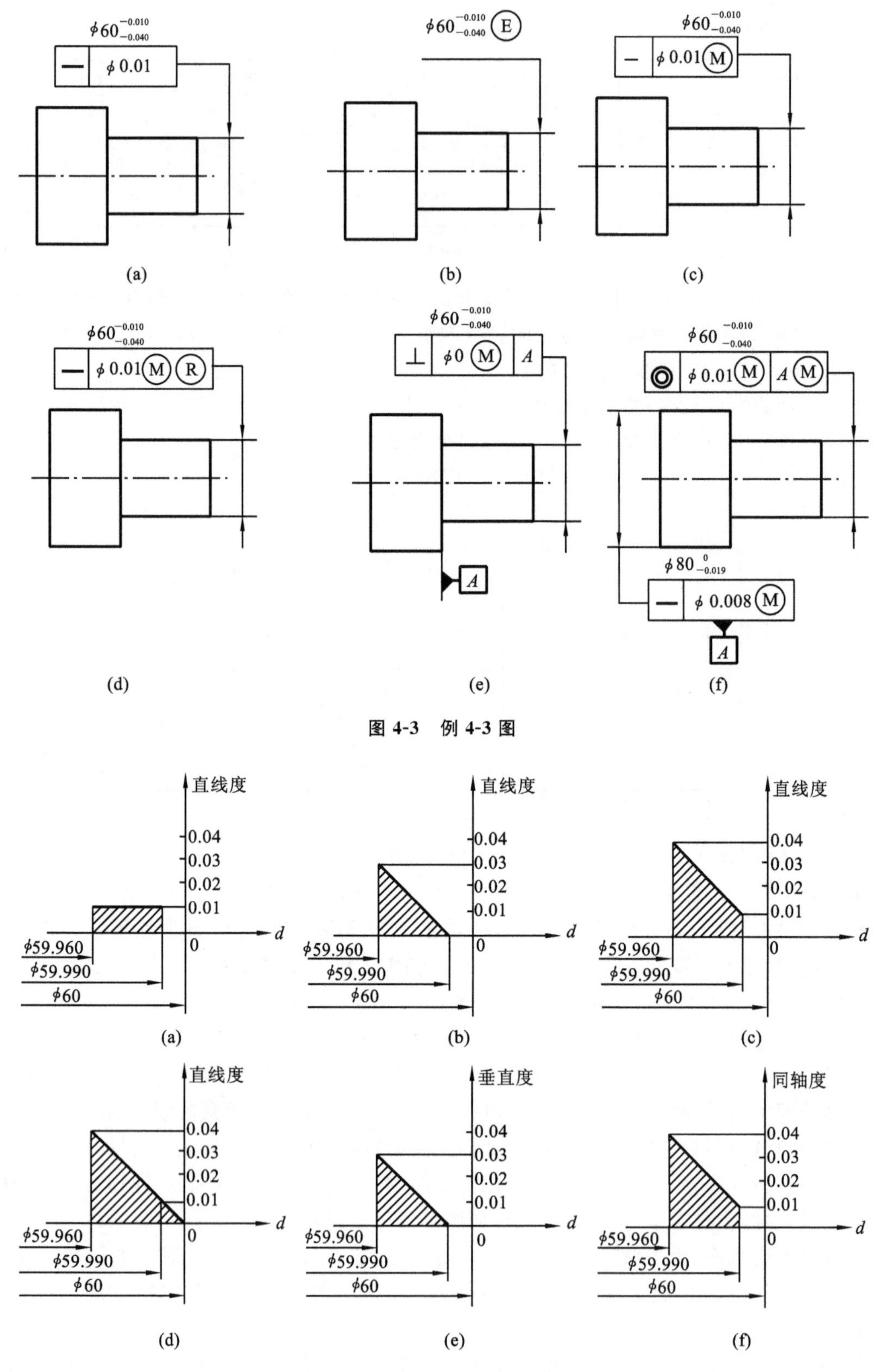

图 4-3 例 4-3 图

图 4-4 例 4-3 的动态公差带图

查教材表7-4,0级轴承要求轴肩相对于基准轴线的端面圆跳动公差为0.015 mm。

(3) ϕ50r6、ϕ35n6两个圆柱面:ϕ50r6和ϕ35n6分别与齿轮和带轮配合,为保证配合性质,故采用包容要求。为了保证齿轮的运动正确啮合及运转平稳,对于与齿轮配合的ϕ50r6圆柱提出了径向圆跳动公差,跳动公差取7级,公差值为20 μm。

(4) 14N9和10N9两个键槽:对ϕ50r6和ϕ35n6轴上的两个键槽14N9和10N9规定了对称度公差,以保证键槽的安装精度和安装后的受力状态,查表4-10取8级,对称度公差值分别为20 μm、15 μm,对称度的基准为键槽所在轴颈的轴线。

4.4 习　　题

一、思考题

1. 几何公差带有哪些要素?分析形状、方向和位置公差带的特点。

2. 几何公差带有哪些典型形状?

3. 评定形状误差的最小条件是什么?对组成要素和导出要素,符合最小条件的拟合要素有何不同?

4. 如何得到圆柱面的提取中心线?如何得到横截面的拟合圆圆心?

5. 如何得到提取中心面?

6. 直线度测量的方法如何进行分类,其数据处理有什么区别?

7. 直线度误差有哪几种公差带,其标注有何区别?

8. 平面度误差的评定有哪些方法?有何特点?

9. 平面度测量的布点方式主要有哪几种?各适应于什么场合?

10. 测量圆柱面时的点的提取方案有哪几种,各适应于何种场合?

11. 线轮廓度、面轮廓度什么时候是形状公差,什么时候是方向或位置公差,其相应的公差带有何特点?

12. 基准平面和基准轴线如何体现?

13. 圆跳动和全跳动有何区别?径向圆跳动和同轴度、圆度有何关系?

14. 最大实体要求、最小实体要求、包容要求各用于何种场合?其边界有什么区别?

15. 可逆要求用于最大实体要求或最小实体要求后,动态公差图有何变化?

16. 最大实体实效边界、最小实体实效边界、最大实体边界和最小实体边界有何区别?

17. 独立原则的含义是什么?

18. 径向全跳动和圆柱度公差带有何不同?测量方法有何不同?

19. 什么是理论正确尺寸?在图纸上如何标注?在几何公差中有何作用?

20. 选择几何公差的原则是什么?选择时需要考虑哪些情况?

二、判断题(正确的打"√",错误的打"×")

1. 每一个零件都会存在几何误差。 (　　)

2. 几何公差是针对几何要素进行规定的。 (　　)

3. 无论多么复杂的零件,都是由若干要素构成的。 (　　)

4. 公称要素是没有几何误差的要素。 (　　)

5. 实际要素分为实际组成要素和实际导出要素。 (　　)

6. 中心线和中心面都是导出要素。 (　　)

7. 提取中心线是通过提取表面得到的，是没有形状误差的中心线。　（　）

8. 提取圆柱面的局部直径是横截面上通过拟合圆心与提取线相交的两相对点的距离。　（　）

9. 除非另有规定，拟合圆、拟合平面、拟合圆柱都是采取最小二乘法得到的。　（　）

10. 形状公差带可以限制被测要素的形状，还可以限制被测要素相对于某一个作为基准的要素的方向或位置。　（　）

11. 单一实际要素的形状所允许的变动全量称为形状误差。　（　）

12. 形状误差的评定要遵守最小条件。　（　）

13. 形状公差带的方向和位置都是固定的。　（　）

14. 空间直线的直线度公差带的形状是两平行直线间区域。　（　）

15. 最小区域法评定直线度误差的关键就是要找两个坐标值最大(小)的点和一个坐标值最小(大)的点，通过这 3 个点作出包容区域。　（　）

16. 评定直线度时的坐标方向不变原则就是要沿着与包容直线垂直的方向量取包容区域宽度。　（　）

17. 凡是能测量直线度误差的方法基本上都可以用来测量平面度误差。　（　）

18. 线轮廓度、面轮廓度公差是形状公差。　（　）

19. 线轮廓度、面轮廓度的公差带总是浮动的。　（　）

20. 某平面对基准平面的平行度误差为 0.05 mm，那么该平面的平面度误差一定不大于 0.05 mm。　（　）

21. 几何误差测量时不必考虑表面粗糙度、划痕、擦伤等外观缺陷的影响。　（　）

22. 用两点法测量圆度误差是遵循了测量特征参数原则。　（　）

23. 测量跳动原则是跳动误差测量时应遵守的原则，其他几何误差测量时不需要遵守。　（　）

24. 提取导出球心是提取球的拟合球面的球心。　（　）

25. 位置公差限制被测要素对基准的位置变动，不限制方向变动。　（　）

26. 方向公差带的方向和位置都是固定的，由基准确定。　（　）

27. 某圆柱面的圆柱度公差为 0.03 mm，那么该圆柱面对基准轴线的径向全跳动公差不小于 0.03 mm。　（　）

28. 对同一要素既有位置公差要求，又有形状公差要求时，形状公差值应大于位置公差值。　（　）

29. 对称度的被测中心要素和基准中心要素都应视为同一中心要素。　（　）

30. 某实际要素存在形状误差，则其对基准一定存在位置误差。　（　）

31. 图样标注中 $\phi20^{+0.021}_{0}$ mm 孔，如果没有标注其圆度公差，那么它的圆度误差值可任意确定。　（　）

32. 圆柱度公差是控制圆柱形零件横截面和轴向截面内形状误差的综合性指标。（　）

33. 线轮廓度公差带是指包络一系列直径为公差值 t 的圆的两包络线之间的区域，诸圆圆心应位于理想轮廓线上。　（　）

34. 零件图样上规定 ϕd 实际轴线相对于 ϕD 基准轴线的同轴度公差为 $\phi0.02$ mm。这表明只要 ϕd 实际轴线上各点分别相对于 ϕD 基准轴线的距离不超过 0.02 mm，就能满足同轴度要求。　（　）

35. 若某轴的某一部位的轴线直线度误差未超过直线度公差，则该部位轴线相对于基准的同轴度误差亦合格。（　　）

36. 端面圆跳动公差和端面对轴线垂直度公差两者控制的效果完全相同。（　　）

37. 尺寸公差与几何公差采用独立原则时，零件加工的局部尺寸和几何误差中有一项超差，则该零件不合格。（　　）

38. 最大实体实效尺寸是由极限尺寸和几何误差综合形成的理想边界尺寸。（　　）

39. 被测要素处处为最小实体尺寸和几何误差为给定公差值时的综合状态，称为最小实体实效状态。（　　）

40. 当包容要求用于单一要素时，被测要素必须遵守最大实体实效边界。（　　）

41. 当最大实体要求应用于被测要素时，则被测要素的尺寸公差可补偿给形状公差，几何误差的最大允许值应小于给定的形状公差值。（　　）

41. 包容要求适用于圆柱表面或两平行表面。（　　）

42. 可逆要求应用于最大实体要求时，当其几何误差小于给定的几何公差，允许局部尺寸超出最大实体尺寸。（　　）

43. 无论是最大实体要求还是最小实体要求、包容要求、独立原则，都要求局部尺寸在上极限尺寸和下极限尺寸之间，除非可逆要求和最大实体要求、最小实体要求联用。（　　）

44. 最大实体要求主要适用于保证强度和壁厚的场合。（　　）

45. 跳动公差带不能综合控制被测要素的形状、方向和位置误差。（　　）

46. 动态公差图就是尺寸公差带图。（　　）

47. 可逆要素可以用于包容要求，也可以用于最大实体和最小实体要求。（　　）

48. 位置公差标注时可以有一个、二个或三个基准。（　　）

49. 所有几何公差均分为 1～12 级。（　　）

50. 为控制机床导轨表面的形状误差，往往规定平面度公差。（　　）

三、单项选择题(将下列题目中正确答案的题号写在题中的括号内)

1. 圆度公差和圆柱度公差的关系是(　　)。

A. 两者均控制圆柱类零件的轮廓形状，故两者可代替使用

B. 两者公差带形状不同，因此两者相互独立，没有关系

C. 圆度公差可以控制圆柱度误差

D. 圆柱度公差可以控制圆度误差

2. 以下测量直线度误差的方法中，不需要对测量数据进行累加就可以直接作误差曲线图的是(　　)。

A. 用水平仪测量　　B. 用自准直仪测量　　C. 用表桥法测量　　D. 用打表法测量

3. 评定圆度误差时，两同心包容圆与提取组成要素至少有(　　)点内外相间地接触。

A. 2　　B. 3　　C. 4　　D. 5

4. 同轴度公差和对称度公差的相同点是(　　)。

A. 确定公差带位置的理论正确尺寸均为零

B. 被测要素相同

C. 基准要素相同

D. 公差带形状相同

5. 设计时选择几何公差的原则是(　　)。

A. 在满足零件功能要求的前提下选择最经济的公差值
B. 公差值越小越好，因为能更好地满足使用要求
C. 公差值越大越好，因为可以降低加工成本
D. 尽量多地采用未注几何公差
6. 下列论述正确的有（　　）。
A. 给定方向上的线的位置度公差值前应加注符号“ϕ”
B. 空间点的位置度公差值前应加注符号“$S\phi$”
C. 给定方向上直线度公差值前应加注符号“ϕ”
D. 标注斜向圆跳动时，指引线箭头应与轴线垂直
7. 对于径向全跳动公差，下列论述正确的有（　　）。
A. 与同轴度公差带形状相同
B. 属于位置公差
C. 属于跳动公差
D. 当径向全跳动误差不超差时，圆柱度误差肯定也不超差
8. 几何公差带形状是半径差为公差值 t 的两圆柱面之间的区域有（　　）。
A. 同轴度　B. 径向全跳动　C. 任意方向直线度　D. 任意方向垂直度
9. 几何公差带形状不是直径为公差值 t 的圆柱面内区域的有（　　）。
A. 任意方向直线度　B. 端面全跳动
C. 同轴度　D. 任意方向线的位置度
10. 几何公差带形状不是距离为公差值 t 的两平行平面内区域的有（　　）。
A. 平面度　B. 任意方向的线的直线度
C. 给定一个方向的线的倾斜度　D. 面对面的平行度
11. 对于端面全跳动公差，下列论述正确的有（　　）。
A. 属于位置公差
B. 属于形状公差
C. 与平行度控制效果相同
D. 其公差带与端面对轴线的垂直度公差带形状相同
12. 下列有关公差原则的论述中，正确的是（　　）。
A. 最大实体要求常用于保证可装配性的场合
B. 包容要求常用于保证壁厚或强度的场合
C. 可逆要求可与包容要求联合使用
D. 最小实体要求规定被测要素遵守最小实体边界
13. 某轴标注为 $\phi10_{-0.015}^{\ 0}$ mm Ⓔ，则（　　）。
A. 被测要素遵守 MMC 边界
B. 被测要素遵守 MMVC 边界
C. 当被测要素尺寸为 $\phi10$ mm 时，允许形状误差最大可达 0.015 mm
D. 当被测要素尺寸为 $\phi9.985$ mm 时，不允许有形状误差
14. 被测要素采用最大实体要求，且几何公差为零时（　　）。
A. 公差值的框格内标注符号Ⓔ
B. 公差值的框格内只需标注符号Ⓜ，不必标公差值

C. 被测要素遵守的最大实体实效边界等于最大实体边界

D. 被测要素遵守的是最小实体实效边界

15. 符号 [⊥ | ϕ0Ⓛ | A] 说明(　　)。

A. 被测要素为单一要素

B. 被测要素遵守最小实体要求

C. 被测要素遵守的最小实体实效边界不等于最小实体边界

D. 在任何情况下,垂直度误差为零

16. 下列论述正确的有(　　)。

A. 孔的最大实体实效尺寸$=D_{max}-$几何公差

B. 最大实体实效尺寸=最大实体尺寸

C. 轴的最大实体实效尺寸$=d_{max}+$几何公差

D. 轴的最大实体实效尺寸=局部尺寸+几何误差

17. 某孔标注 $\phi10^{+0.015}_{\ 0}$ mm Ⓔ,则(　　)。

A. 被测要素遵守 MMC 边界

B. 被测要素遵守 MMVC 边界

C. 当被测要素尺寸为 ϕ10.01 mm 时,允许形状误差可达 0.025 mm

D. 局部尺寸应大于或等于最小实体尺寸

18. 对于零件上配合精度要求较高的配合表面一般采用(　　)。

A. 独立原则　　B. 包容要求　　C. 最大实体要求　　D. 最小实体要求

19. 当包容要求用于被测要素时,被测要素能允许有几何误差的条件是(　　)。

A. 局部尺寸偏离最大实体尺寸　　B. 局部尺寸偏离最大实体实效尺寸

C. 提取组成要素偏离最大实体尺寸　　D. 提取组成要素偏离最大实体实效尺寸

20. 当最大实体要求用于被测要素时,被测要素的几何公差能得到补偿的条件是(　　)。

A. 局部尺寸偏离最大实体尺寸　　B. 局部尺寸偏离最大实体实效尺寸

C. 提取组成要素偏离最大实体尺寸　　D. 提取组成要素偏离最大实体实效尺寸

四、综合与计算题

1. 试将下列技术要求标注在图 4-5 上。

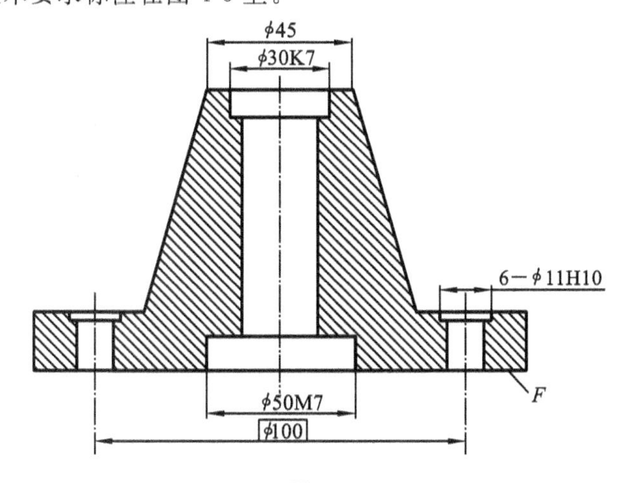

图 4-5

(1) ϕ30K7 和 ϕ50M7 采用包容要求。

(2) 底面 F 的平面度公差为 0.02 mm；ϕ30K7 孔和 ϕ50M7 孔的内端面对它们的公共轴线的圆跳动公差为 0.04 mm。

(3) ϕ30K7 孔和 ϕ50M7 孔对它们的公共轴线的同轴度公差为 0.03 mm。

(4) 6-ϕ11H10 对 ϕ50M7 孔的轴线和 F 面的位置度公差为 0.05 mm，基准要素的尺寸和被测要素的位置度公差应用最大实体要求。

2. 按表 4-2 中的内容，说明图 4-6 中的代号的含义。

表 4-2

代　　号	解释代号含义	公差带形状
⌭ 0.01		
↗ 0.025 A—B		
⌯ 0.025 F		
// 0.02 A—B		
↗ 0.025 C—D		
⌭ 0.006		

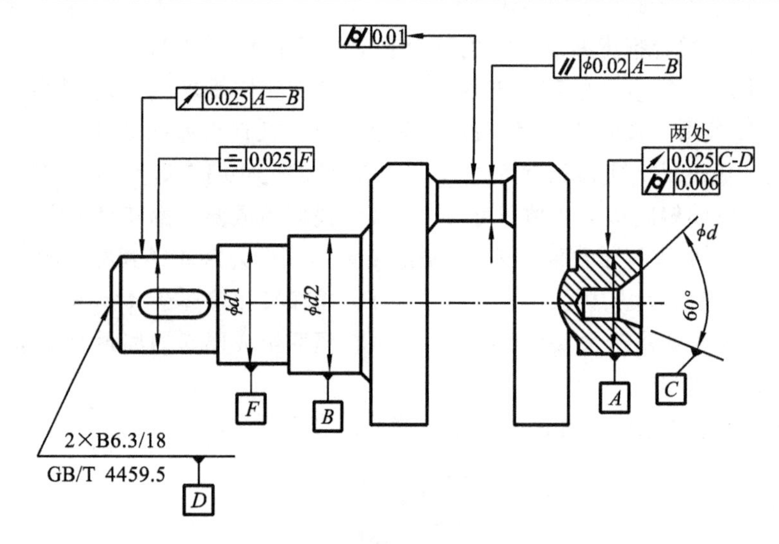

图 4-6

3. 如图 4-7 所示销轴的三种几何公差标注，它们的公差带有何不同？

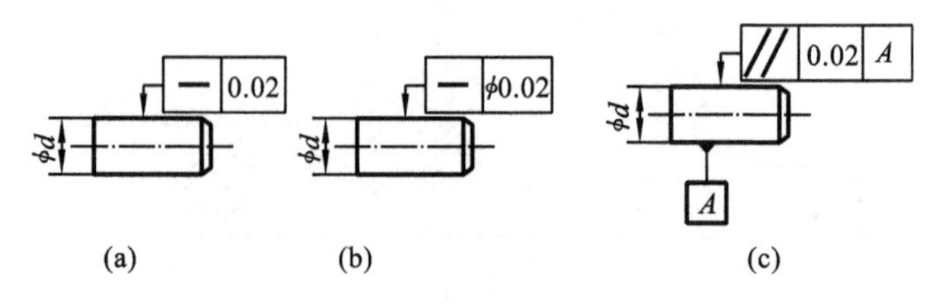

图 4-7

4. 比较图 4-8 中垂直度与位置度标注的异同点。

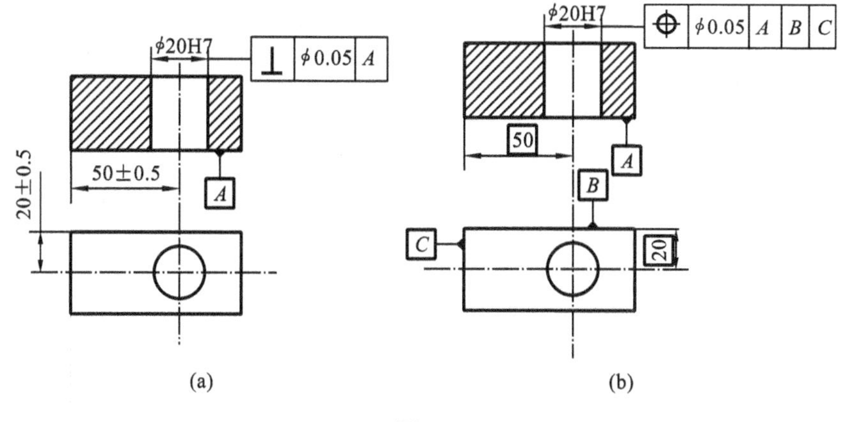

图 4-8

5. 用坐标法测量图 4-9 所示的零件的位置度误差，测得四个孔的轴线的实际坐标值（单位：mm，坐标原点为平板左下角交点）列于表中，试确定该零件上各孔的位置度误差值，并判断是否合格。

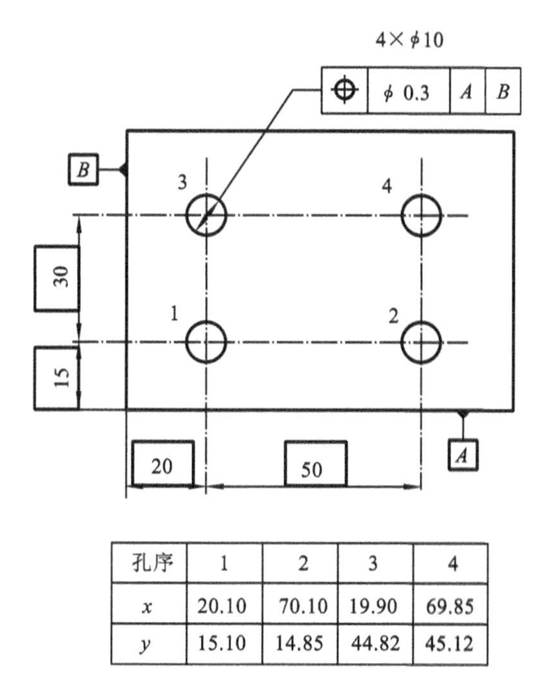

孔序	1	2	3	4
x	20.10	70.10	19.90	69.85
y	15.10	14.85	44.82	45.12

图 4-9

6. 用分度值 0.04 mm/m 的水平仪和跨距 200 mm 的正弦规，按网格布点测得某平面数据如图 4-10 所示（单位：μm），设测量不确定度允许值为 10 μm，平面度公差 36 μm。试用最小区域法、对角线法、三远点法评定其平面度误差，判断其是否合格。（提示：首先应将所有数据转换为相对于某一个平面的坐标值，然后才能用教材及本指南的方法进行旋转和平移）

7. 用分度值 0.02 mm/1000 mm 的水平仪测量一平面度公差为 0.060 mm 的平面的平面度误差，桥板跨距长度为 200 mm，测量数据如图 4-11 所示（单位：μm），试用最小区域法、对角线法、三远点法评定其平面度误差。

8. 试将图 4-12 按表列要求填入表 4-3 中。

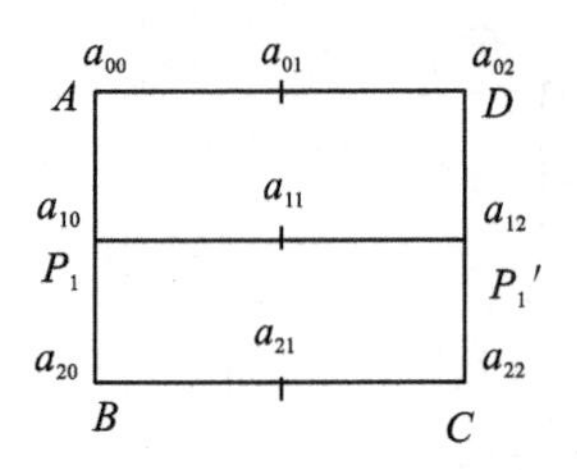

测量路线	1	2	3	4	5
$A \longrightarrow D \longrightarrow C$	0	+18	−8	+2	−2
$A \longrightarrow B \longrightarrow C$	0	−6	+10	+18	−4
$P_1 \longrightarrow P_1'$	0	−1	+11		

图 4-10

−1	+2	−3	−8
+6	−1	−2	−7
−2	−1	+1	+2
−2	−7	+8	−4

图 4-11

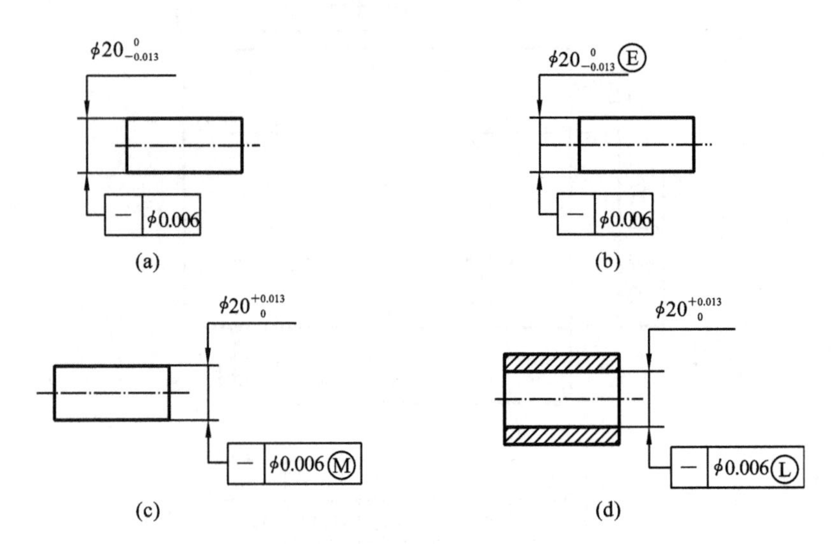

图 4-12

表 4-3

图号	采用的公差原则	边界及边界尺寸	给定的几何公差值	可能允许的最大几何误差值
(a)				
(b)				
(c)				
(d)				

9. 试对图 4-13(a)所示的轴套，应用相关要求，填出表 4-4 中所列各值。实际零件如图 4-13(b)所示，$A_1=A_2=\cdots=20.01$ mm。判断该零件是否合格？

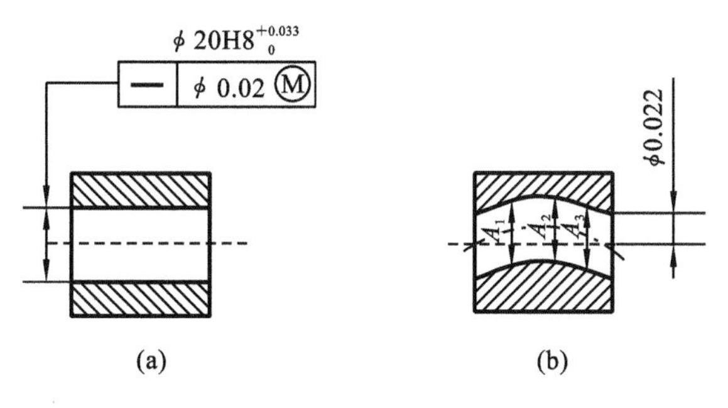

图 4-13

表 4-4

最大实体尺寸 MMS	最小实体尺寸 LMS	MMC 时允许的最大直线度误差	LMC 时允许的最大直线度误差

10. 比较图 4-14 中的六种垂直度公差标注方法的区别。

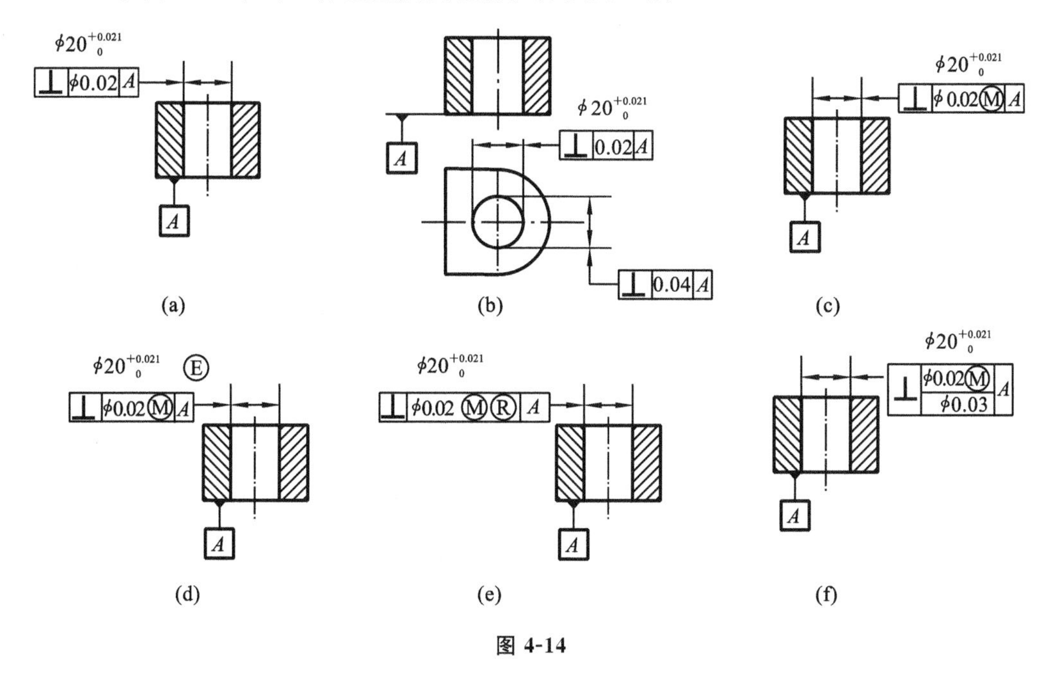

图 4-14

11. 如图 4-15 所示，说明以下各点：

(1) 被测要素采用的公差原则；

(2) 被测要素的最大实体尺寸、最小实体尺寸、最大实体实效尺寸；

(3) 垂直度公差最大补偿值；

(4) 设孔的横截面形状正确，当孔局部尺寸处处都为 ϕ60 mm 时，垂直度误差的最大允许值；

(5) 设孔的横截面形状正确，当孔局部尺寸处处都为 ϕ60.10 mm 时，垂直度误差的最大允许值。

12. 如图 4-16 所示，要求：

(1) 指出被测要素遵守的公差原则。

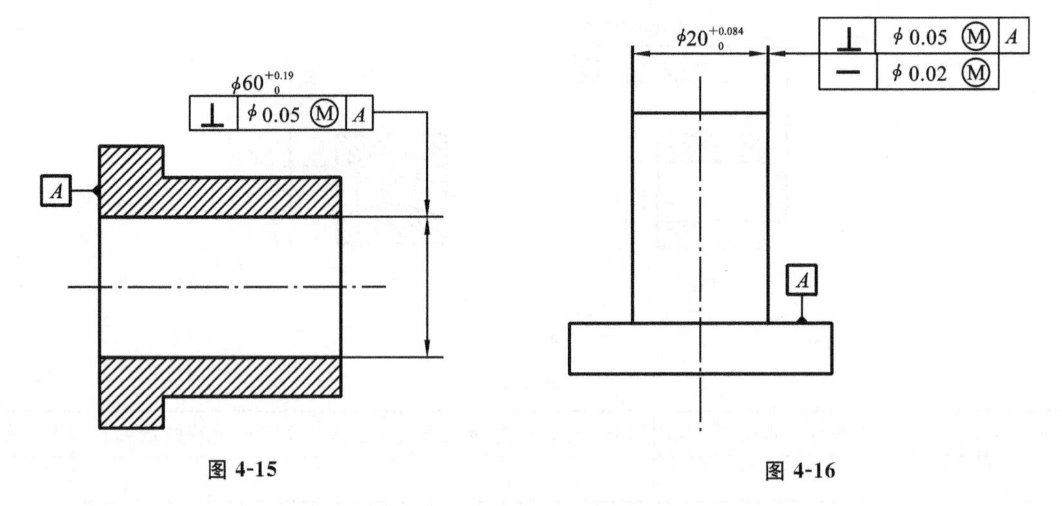

图 4-15　　图 4-16

(2) 求出单一要素的最大实体实效尺寸,关联要素的最大实体实效尺寸。

(3) 求被测要素的形状、位置公差的给定值,最大允许值的大小。

(4) 若被测要素的局部尺寸处处为 ϕ20.03 mm,轴线对基准 A 的垂直度误差为 ϕ0.09 mm,判断其垂直度的合格性,并说明理由。

4.5　部分习题答案与选解

二、判断题

1. √　2. √　3. √　4. √　5. ×　6. √　7. ×　8. √　9. √　10. ×

11. ×　12. √　13. ×　14. ×　15. ×　16. ×　17. √　18. ×　19. ×　20. √

21. ×　22. √　23. √　24. √　25. ×　26. ×　27. √　28. ×　29. ×　30. √

31. ×　32. √　33. √　34. ×　35. ×　36. ×　37. √　38. ×　39. √　40. ×

41. ×　42. √　43. √　44. ×　45. ×　46. ×　47. ×　48. √　49. ×　50. ×

三、选择题

1. D　2. D　3. D　4. A　5. A　6. B　7. C　8. B　9. B　10. B

11. D　12. A　13. A　14. C　15. B　16. C　17. A　18. B　19. C　20. C

四、综合与计算题

6. 解:本例的测量数据是按照网格法用水平仪进行测量得到的,因此,首先须把测量数据转换为相对某一个平面的坐标值,如相对于过点 A 所作的水平面的坐标值。

由于测量是按测量线进行的,受测量不确定度的影响,点 C 的闭合差不一定为 0,因此首先要验证点 C 的闭合差 Δ 与允许的测量不确定度的符合性。

$$\Delta = \sum_{ij}^{(ABC)} a_{kr} - \sum_{ij}^{(ADC)} a_{kr} = (-6+10+18-4)-(18-8+2-2) = 8$$

因为闭合差 $\Delta < \mu_0$,故本次测量结果有效,但需要对闭合差 Δ 进行平差处理。

(1) 对 $A \to D \to C$ 测量线:

$$a'_{ij(ADC)} = a_{ij(ADC)} + \frac{\Delta}{2(n+m)} = a_{ij(ADC)} + \frac{8}{2(2+2)} = a_{ij(ADC)} + 1$$

(2) 对 $A \to B \to C$ 测量线:

$$a'_{ij(ABC)} = a_{ij(ABC)} - \frac{\Delta}{2(n+m)} = a_{ij(ABC)} - 1$$

(3) 对 $P_1 \to P'_1$ 测量线：

$$a'_{ij(P_1P'_1)} = a_{ij(P_1P'_1)} - \frac{\Delta P'_i}{(m+i)}$$

式中：m 为 AD 段的分段数(本例 $m=2$)；i 为平行于 AD 的测量线序号(本例 $i=1$)。

$$\Delta P'_i = \sum_{ij}^{(AP_iP'_i)} a_{kr} - \sum_{ij}^{(ADP'_i)} a_{kr} = (-6-1+11)-(18-8+2) = -8$$

故

$$a'_{ij(P_1P'_1)} = a_{ij(P_1P'_1)} - \frac{-8}{(2+1)} = a_{ij(P_1P'_1)} + \frac{8}{3}$$

经过上述平差处理后，原测量数据变化如下：

测量路线	1	2	3	4	5
$A \to D \to C$	0	+19	−7	+3	−1
$A \to B \to C$	0	−7	+9	+17	−5
$P_1 \to P'_1$	0	5/3	41/3		

然后通过下式得到相对转换基面的坐标值，式中，D 为测量路线代号。

$$Z_{ij} = \sum_{ij}^{(D)} a_{kr}$$

注意：中间点 −5/3 是通过测量线 $AP_1P'_1$ 计算得到。

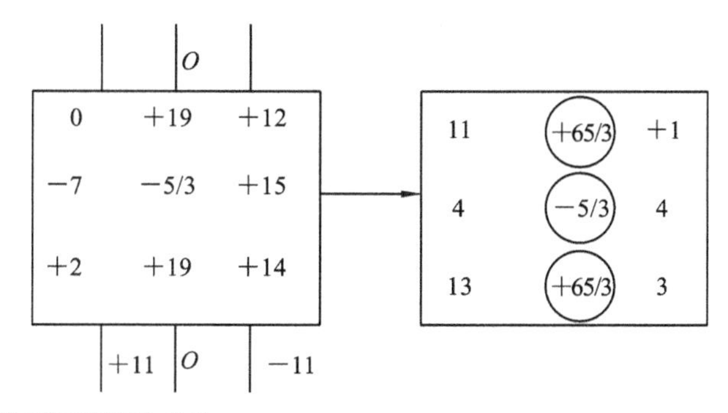

符合直线准则，故平面度误差为

$$f = [65/3 - (-5/3)]\ \mu m \approx 23.3\ \mu m$$

平面度误差 $f <$ 平面度公差 32 μm，故平面度合格。

7. 解：

(1) 最小区域法。

观察测量值，可以看出 +6、+8 是两个比较高的点，两个 −7 和 −8 是三个比较低的点，而其中一个 −7 和 −8 距离很近，可以不予考虑。因此，从数据可以看出，两个高点和两个低点的连线交叉，故拟将其作为旋转变换的对象。

由此，可得到该平面的平面度误差为

$$f = 8 - (-6.6) = 14.6 \text{ 格}$$

$$f = 14.6 \times \frac{0.02}{1000} \times 200\ \text{mm} \approx 0.058\ \text{mm}$$

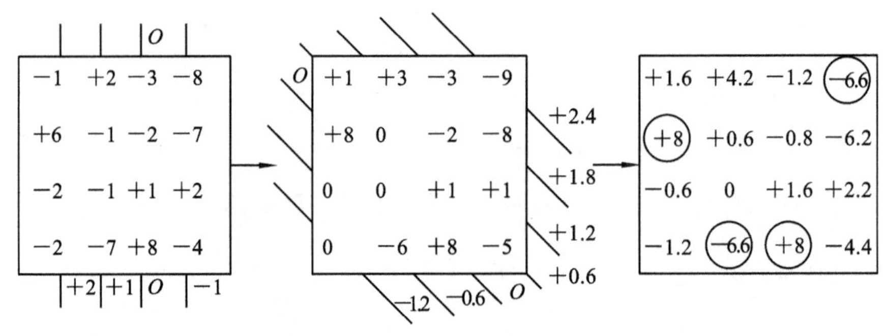

由于平面度误差 f 小于平面度公差 60 μm,故该零件平面度合格。

(2) 对角线法。

对角线法要求分别将两条对角线的两端点坐标变换为相等,然后通过这两条对角线作拟合平面,以评定平面度。

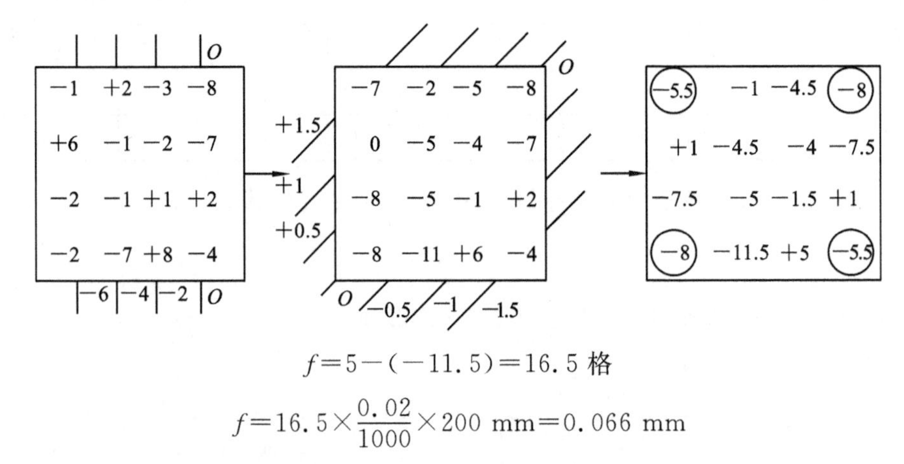

$$f=5-(-11.5)=16.5\text{ 格}$$

$$f=16.5\times\frac{0.02}{1000}\times200\text{ mm}=0.066\text{ mm}$$

平面度误差 f 大于平面度公差,故该零件平面度不合格。

(3) 三远点法。

三远点法就是选择三个距离比较远的点构成评定的基准平面,相对于该平面的最大坐标值与最小坐标值之差即为以该平面为评定基准的平面度误差。在具体的评定中,需要通过平移和旋转将选定的三个远点的坐标值转换为相等。

找出其中相对于三远点所确定的平面的坐标值中的最大值 52/3 和最小值 5/3,得

$$f=(52/3-5/3)\text{格}\approx15.7\text{ 格}$$

$$f=15.7\times\frac{0.02}{1000}\times200\text{ mm}\approx0.063\text{ mm}$$

平面度误差 f 大于平面度公差,故该零件平面度不合格。

类似地,可以得出其他三种以三个角点构成的三远点平面作为评定基准的平面度误差。

图(a):$f=(62/3-10/3)$格≈17.3 格≈0.069 mm

图(b):$f=[47/3-(-5/3)]$格≈17.3 格≈0.069 mm

图(c):$f=(52/3-1)$格≈16.3 格≈0.065 mm

可见,由于所选择三个远点不同,使其构成的评定基准平面不同,从而出现评定结果可能不同,导致平面度评定的结果不唯一。

从以上三种评定方法可以看到,由最小区域法得出的评定结果是最小的,而其他方法评定

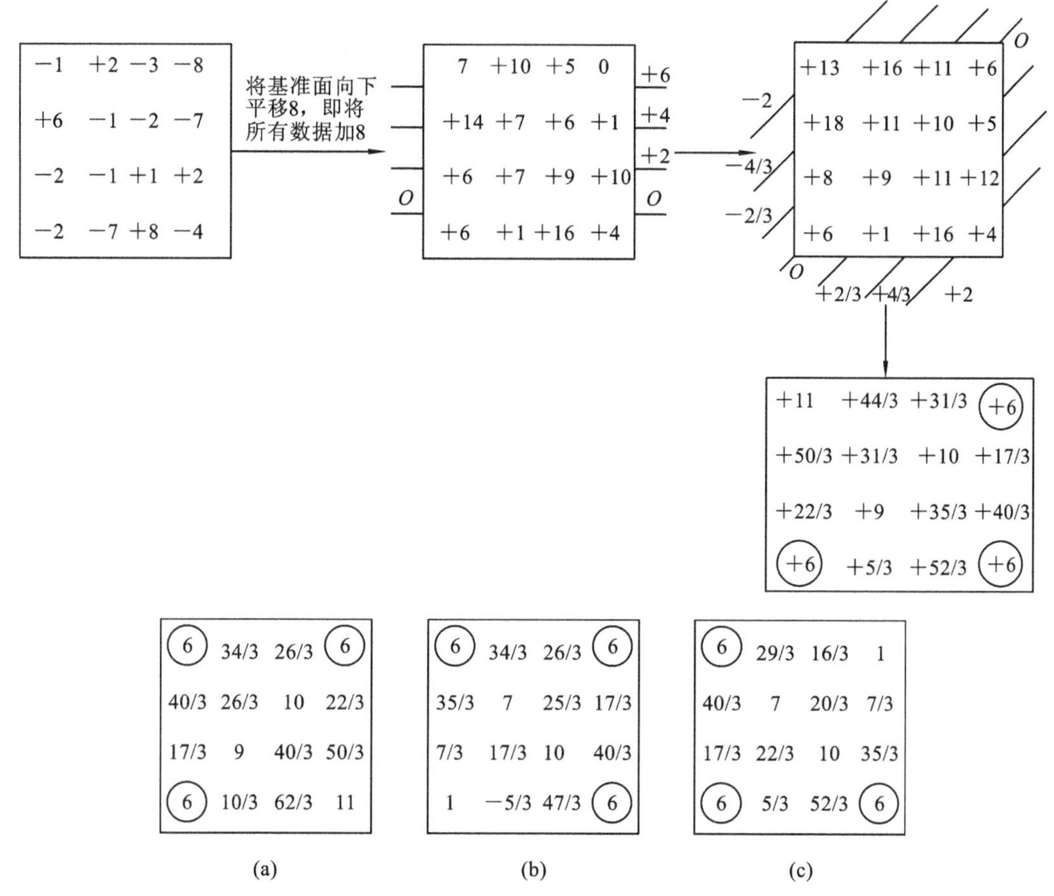

(a)　(b)　(c)

的结果较大，从而导致该平面评定为不合格。因此，最小区域法可以最大限度地通过工件，在形状误差评定中应尽量采用最小区域法。

10. 解：

(a) 公差带为垂直于基准 A、直径为 $\phi0.02$ mm 的圆柱面内区域。

(b) 公差带为两对相互垂直且间距分别为公差值 0.02 mm 和 0.04 mm、垂直于基准 A 的两平行平面间区域。

(c) 公差带为垂直于基准 A、直径为 $\phi0.02$ mm 的圆柱面内区域，但当被测要素偏离最大实体状态时，偏离值可以补偿给公差值，即公差带可以增大。

(d) 公差带为垂直于基准 A、直径为 $\phi0.02$ mm 的圆柱面内区域。但需要声明的是，当被测要素处于最大实体状态时，不允许有垂直度误差，只有当被测要素偏离最大实体状态，才允许有不大于偏离值的垂直度误差，且即使被测要素处于最小实体状态，最大也只允许有 $\phi0.02$ mm的垂直度误差。

(e) 公差带为垂直于基准 A、直径为 $\phi0.02$ mm 的圆柱面内区域。当被测要素偏离最大实体状态时，偏离值可以补偿给公差值，即公差带可以增大。但由于应用了可逆要求，因此当垂直度误差小于 $\phi0.02$ mm，其偏离值可以补偿给尺寸变动。譬如，当没有垂直度误差时，局部尺寸允许偏离至 $\phi19.98$ mm。

(f) 公差带为垂直于基准 A、直径为 $\phi0.02$ mm 的圆柱面内区域。当被测要素偏离最大实体状态时，偏离值可以补偿给垂直度公差，但垂直度公差最大只能增大到 $\phi0.03$ mm。

12. 解：

(1) 遵守最大实体要求；

(2) 关联要素的最大实体实效尺寸：(ϕ20.084＋ϕ0.05) mm＝ϕ20.134 mm

单一要素的最大实体实效尺寸：(ϕ20.084＋ϕ0.02) mm＝ϕ20.104 mm

(3) 形状公差，此处即轴线的直线度为 ϕ0.02 mm，当被测要素处处为 ϕ20 mm 时，直线度最大允许值为 ϕ0.104 mm。

位置公差，此处即轴线对基准 *A* 的垂直度ϕ0.05 mm，当被测要素处处为 ϕ20 mm 时，垂直度最大允许值为 ϕ0.134 mm。

(4) 此时局部尺寸偏离最大实体尺寸(ϕ20.084)ϕ0.054 mm，因此允许的最大垂直度误差为 ϕ0.054 mm＋ϕ0.05 mm＝ϕ0.104 mm，因此 ϕ0.09 mm＜ϕ0.104 mm，故垂直度合格。

采用另外一种方式判断：ϕ20.03 mm＋ϕ0.09 mm＝ϕ20.12 mm＜ϕ20.134 mm，即未超出最大实体实效边界，故垂直度合格。

第5章 表面结构参数及其检测

5.1 基本内容与学习要求

零件几何精度的设计除了保证尺寸、形状和位置等精度外，对表面结构提出相应的要求也是必不可少的一个方面。本章将介绍表面结构参数，重点介绍有关表面粗糙度的国家标准规定与应用。

本章的主要内容与学习要求：

(1) 了解表面结构参数的基本概念与相关术语；

(2) 理解表面粗糙度的概念，了解其对机械零件使用性能的影响；

(3) 掌握表面粗糙度评定参数的含义、应用场合和标注方法；

(4) 深入理解表面粗糙度参数的选用原则；

(5) 掌握常用的表面粗糙度测量方法及原理。

本章重点：

(1) 表面粗糙度的定义；

(2) 表面粗糙度评定参数及其数值的选择；

(3) 表面粗糙度的标注方法。

本章难点：

表面粗糙度评定参数及其数值的选择。

5.2 知识要点、重点和难点解读

5.2.1 表面结构的定义

表面结构是指出自几何表面的重复或偶然的偏差，这些偏差形成该表面的三维形貌。表面结构包括在有限区域上的粗糙度、波纹度、纹理方向、表面缺陷和形状误差。但GB/T 3505—2009的表面结构参数不用来描述表面缺陷，因此不应把表面缺陷，例如划痕、气孔等考虑进去。

零件或工件的实际表面是物体与周围介质分离的表面，由加工形成的实际表面一般为非理想状态，它是由表面粗糙度、表面波纹度以及表面形状误差叠加而成的表面。如教材图5-1所示，原始轮廓、粗糙度轮廓、波纹度轮廓是通过应用λc、λs、λf滤波器区分开的。

表面结构对零部件的使用性能会产生影响，如表面粗糙度会影响到配合性质、耐磨性、疲劳强度、耐蚀性和密封性。

5.2.2 表面结构的评定参数

1. 取样长度和评定长度

(1) 取样长度是指评定轮廓不规则特征的一段基准线长度，它不是实测时取的长度。规定取样长度的目的是为了限制或减弱表面波度、排除宏观形状误差对表面粗糙度测量的影响。

(2) 评定长度一般包括一个或几个取样长度。在测量表面粗糙度时，往往推荐评定长度等于 5 个取样长度。规定评定长度的目的是为了合理地反映轮廓的真实情况。

2. 评定参数及它们的差异

对三种不同的轮廓，GB/T 3505—2009 规定了相同的参数，只是以字母 P、R、W 区分开，如原始轮廓、粗糙度轮廓、波纹度轮廓的算术平均偏差的符号分别为 Pa、Ra、Wa。

(1) 表面轮廓参数由幅度参数、间距参数、混合参数等组成。在评定参数中，幅度特性参数 Ra 和 Rz 是主参数，间距参数 Rsm 和相关参数 $Rmr(c)$ 为附加参数，它们一般不能作为独立参数选用，只有少数零件的重要表面，有特殊功能要求时才附加选用。

(2) 幅度参数、间距参数越大，表面越粗糙；反之，则表面越光洁。

(3) 轮廓的支承长度率 $Rmr(c)$ 是指在给定水平截面高度 c 上轮廓的实体材料长度与评定长度的比率。它是评定轮廓峰谷形状特征的参数。在评定时，应注意首先确定其给定的水平位置，例如，两次测量时其给定的水平位置不同，则两次测出的 $Rmr(c)$ 是不能比较其优劣的。在同一水平位置，$Rmr(c)$ 值越大，表示表面质量越好，支承刚度和耐磨性越好。

3. 表面粗糙度评定参数的选择

GB/T 1031—2009 对评定表面粗糙度的参数及其数值系列作了规定。

4. 图形参数

GB/T 18618—2009 提出的图形参数不采用任何轮廓滤波器，是通过设定不同的阈值将波度和表面粗糙度分离开来，强调大的轮廓峰和谷对功能的影响。

5.3 例题剖析

例 5-1 试确定图 1-2 所示单级圆柱齿轮减速器输出轴主要表面的粗糙度。

解 (1) 轴 ϕ45k6 与滚动轴承配合是重要的配合表面，其相对运动速度比较高，又要承受交变应力，配合特性要求稳定，所以选用粗糙度值较小，按使用性能要求，通常通过磨削的加工方式，轴颈表面 Ra 可达到 0.8 μm。

(2) 轴 ϕ35n6 与带轮(或凸轮)配合是重要的配合表面，配合表面 Ra 选用 1.6 μm。

(3) ϕ50r6 与 8 级精度的齿轮配合，配合特性要求稳定，选用粗糙度值较小，轴颈表面 Ra 选用 1.6 μm，ϕ56 轴肩的左端面是轴承的止推面，Ra 选用 3.2 μm。

(4) 两个平键键槽的工作面 Ra 选用 3.2 μm，非工作面 Ra 选用 6.3 μm。

(5) 其余未注的表面粗糙度要求不高，选用 12.5 μm。

5.4 习　　题

一、思考题

1. 什么是表面结构？表面结构、表面粗糙度、表面波度、形状、表面缺陷有什么关系和区别？

2. 什么是轮廓滤波器？在表面粗糙度、表面波度、原始轮廓测量中，使用何种轮廓滤波器？

3. 为什么要规定取样长度和评定长度？两者区别何在？

4. 表面轮廓参数如何分类？各有哪些参数？

5. 图形参数和传统的参数有何区别？

6. 什么是图形？用哪些参量来描述？

7. 选择表面粗糙度的原则和注意的问题是什么？

二、判断题（正确的打“√”，错误的打“×”）

1. 表面粗糙度值越小，表面越光滑，使用性能越好，所以表面粗糙度值越小越好。（　　）

2. 表面越粗糙，取样长度应越小。（　　）

3. 在间隙配合中，由于表面粗糙不平，会因磨损而使间隙迅速增大。（　　）

4. 国家标准推荐优先选用轮廓算术平均偏差 Ra，是因为其测量方法简单。（　　）

5. 轮廓最大高度 Rz 值因只反映取样长度内的最大轮廓峰高和谷深，不能充分反映表面形状，所以应用很少。（　　）

6. 尺寸精度和形状精度要求高的表面，粗糙度值应小一些。（　　）

7. 在满足零件表面功能要求的情况下，尽量选用小一些的粗糙度值。（　　）

8. 摩擦表面应比非摩擦表面的表面粗糙度值小。（　　）

9. 要求配合精度高的零件，其表面粗糙度值应大。（　　）

10. 一般情况下，同一个零件上，工作表面（或配合面）的粗糙度值应小于非工作表面（或非配合面）的粗糙度值。（　　）

11. 耐腐蚀的零件表面和受交变载荷的工作面的粗糙度值应小一些。（　　）

12. 实验中可以使用干涉显微镜来测量表面粗糙度参数中的 Ra 和 Rz。（　　）

13. 配合性质相同，零件尺寸越小，其粗糙度值应越小。（　　）

14. 同一精度等级，小尺寸比大尺寸、孔比轴的粗糙度值要小。（　　）

15. 评定长度和取样长度之间的数值关系由被测表面的均匀性确定，一般情况下一个评定长度内取 10 个取样长度。（　　）

三、单项选择题（将下列题目中正确答案的题号写在题中的括号内）

1. 选择表面粗糙度评定参数值时，下列论述正确的是（　　）。

A. 同一零件上工作表面应比非工作表面参数值大。

B. 摩擦表面应比非摩擦表面的参数值小。

C. 配合质量要求高，参数值应大。

D. 受交变载荷的表面，参数值应大。

2. 表面粗糙度值越小，则零件的（　　）。

A. 耐磨性好　　B. 配合精度低　　C. 抗疲劳强度差　　D. 传动灵敏性差

3. 测量表面粗糙度时，在取样长度范围内，取被测轮廓上各点至基准线的距离的算术平均值作为评定参数，记为（　　）。

A. Ra　　B. Ry　　C. Rz　　D. Rsm

4. 表面粗糙度是指（　　）。

A. 表面微观的几何形状误差　　B. 表面波纹度

C. 表面宏观的几何形状误差　　D. 表面形状误差

5. 用双管显微镜测量表面粗糙度，采用的是(　　)测量方法。

A. 综合　　B. 直接　　C. 非接触　　D. 接触

6. 双管显微镜是根据(　　)原理制成的。

A. 针描　　B. 印模　　C. 光切　　D. 干涉

7. 在表面粗糙度评定参数中，能充分反映表面微观几何形状高度方面特性的是(　　)。

A. Ra　　B. Ry　　C. Rz　　D. Rsm

8. 车间生产中评定表面粗糙度最常用的方法是(　　)。

A. 光切法　　B. 针描法　　C. 干涉法　　D. 比较法

9. 对于配合性质要求高的表面，应取较小的表面粗糙度值，其主要理由是(　　)。

A. 使零件表面有较好的外观

B. 保证间隙配合的稳定性或过盈配合的连接强度

C. 便于零件的拆装

D. 提高加工的经济性能

10. 关于表面粗糙度和零件的摩擦与磨损的关系，下列说法正确的是(　　)。

A. 表面粗糙度的状况和零件的摩擦与磨损没有直接的关系

B. 由于表面越粗糙，摩擦阻力越大，故表面粗糙度数值越小越好

C. 只有选取合适的表面粗糙度，才能有效地减小零件的摩擦与磨损

D. 对于滑动摩擦，为避免形成干摩擦，表面粗糙度值应越大越好

四、填空题

1. 表面粗糙度是指________所具有的________和________不平度。

2. 取样长度用________表示，评定长度用________表示。

3. 表面粗糙度的轮廓算术平均偏差用________表示；轮廓最大高度用________表示。

4. 图形参数强调大的________和________，忽略了________的特征。

5. 表面粗糙度的选用，应在满足表面功能要求情况下，尽量选用________的表面粗糙度值。

6. 同一零件上，工作表面的粗糙度参数值________非工作表面的粗糙度参数值。

7. 国家标准中规定表面粗糙度的评定参数有________、________、________三方面。

8. 用光切显微镜测量表面粗糙度时用的测量方法为________。

9. 轮廓滤波器是把轮廓分为________和________成分的滤波器。

10. λs、λc、λf 滤波器具有标准规定的相同的________，但________不同。

五、综合题

1. 解释下面标注的含义

3.2max　铣
1.6min
0.5▽　0.8

2. 判断下列各对配合使用性能相同时，哪一个表面粗糙度的要求高？说明理由。

(1) ϕ20h7 和 ϕ70h7

(2) ϕ20H7/e6 和 ϕ20H7/r6

(3) ϕ40g6 和 ϕ40G6

5.5　部分习题答案与选解

二、判断题

1. ×　2. ×　3. √　4. ×　5. √　6. √　7. ×　8. √　9. ×　10. √ 11. √　12. ×　13. √　14. √　15. ×

三、选择题

1. B　2. A　3. A　4. A　5. C　6. C　7. A　8. D　9. B　10. C

四、填空题

1. 加工表面，较小间距，微小峰谷

2. lr，ln

3. Ra，Rz

4. 轮廓峰，轮廓谷，不重复

5. 较大

6. 小于

7. 幅度参数，间距参数，混合参数

8. 间接测量法

9. 长波，短波

10. 传输特性，截止波长

五、综合题

1. (1) 用去除材料的方法获得表面粗糙度，Ra 的最大值为 3.2，Ra 的最小值为 1.6；

(2) 表面加工方法是铣削；

(3) 取样长度为 0.8 mm；

(4) 加工余量为 0.5 mm。

2. (1) ϕ20h7 要求高些，因为 ϕ70h7 尺寸较大，加工更困难，故应放松要求。

(2) ϕ20H7/r6 要求高些，因为是过盈配合，为了连接可靠、安全，应减小粗糙度值，以避免装配时将微观不平的峰、谷挤平而减小实际过盈量。

(3) ϕ40g6 要求高些，因为精度等级相同时，孔比轴难加工。

第6章　光滑工件的检验

6.1　基本内容与学习要求

本章的主要内容与学习要求：

(1) 了解用通用计量器具检验的有关概念，光滑极限量规的基本概念；

(2) 熟悉和掌握量规公差带的设置原则，量规工作尺寸的计算；

(3) 深刻理解和掌握光滑极限量规的选择原则，确定验收极限和选择计量器具。

①按规范检验工件的判定规则；

②计量器具的选择；

③光滑极限量规的设计。

本章重点：

(1) 工件或测量设备合格、不合格、不确定的判定；

(2) 验收极限的确定、计量器具的选择；

(3) 泰勒原则、光滑极限量规的公差带。

本章难点：

(1) 工件或测量设备合格、不合格、不确定的判断原则；

(2) 计量器具的选择；

(3) 泰勒原则。

6.2　知识要点、重点和难点解读

6.2.1　按规范检验工件的判定准则

1. 合格、不合格、不确定的概念

传统上，产品的检验结论仅有合格和不合格两种，但由于测量不确定度的存在，影响了合格的判断，因此新一代GPS标准体系中的GB/T 18779.1—2002将工件和测量设备的检验结论分为三种：合格、不合格、不确定。不确定区处于合格区与不合格区之间，宽度为2倍的扩展不确定度，且对称布置于规范限两侧。对应于单侧、双侧规范限分别有一个和两个不确定区。

2. 按规范检验合格或不合格的判定准则

由于检验中引入了测量不确定度，合格区和不合格区因此减小了。测量不确定度越大，合格区和不合格区将会越小。考虑到不确定区的情况可能会出现，因此供需双方在签订合同时，应确定对此种情况的处理方式。表6-1是三种不同规范限情况下的规范区、合格区、不合格区和不确定区。

表 6-1　不同规范限情况下的规范区、合格区、不合格区和不确定区

	上规范限	下规范限	双侧规范限
规范区	USL	LSL	LSL,USL
合格区	$y<USL-U$	$y>LSL+U$	$LSL+U<y<USL-U$
不合格区	$y>USL+U$	$y<LSL-U$	$y>USL+U$ 或 $y<LSL-U$
不确定区	$USL-U<y<USL+U$	$LSL-U<y<LSL+U$	$USL-U<y<USL+U$ 或 $LSL-U<y<LSL+U$

因此，在制定技术标准和验收规则、合同时均应按照判定工件合格或不合格的准则，考虑不确定度对测量结果判断的影响，规定当检验结果为不确定时的处理方法。

6.2.2　通用计量器具及选择原则

通用计量器具是相对于光滑极限量规、功能量规等专用量规而言的，指带有刻度或数字/模拟显示装置的变值计量器具。

1. 计量器具的选择原则

选择计量器具时，主要考虑：①被测对象的大小、形状、材料、自重、生产批量以及被测量的种类；②被测工件的被测量的公差。

2. 验收极限及其选择原则

规定验收极限的目的是考虑到测量不确定度对测量结果的影响，为防止误收而规定的。GB/T 3177—2009 规定了 3 种方式的验收极限：双边内缩、单边内缩和不内缩。验收极限方式的选择要结合尺寸功能要求及其重要程度、尺寸公差等级、测量不确定度和过程能力等因素综合考虑。对影响零部件使用功能的和重要的配合尺寸应采用双边内缩一个安全裕度 A，A 相当于扩展不确定度 U，因此，缩小后的区域即是 GB/T 18779.1—2002 所指的合格区。内缩的安全裕度 A 按工件尺寸公差 T 的 1/10 确定。非配合尺寸和一般公差的尺寸，选用不内缩方式。

3. 计量器具的选择

标准规定计量器具的选择，应按测量不确定度的允许值来确定。即所选择计量器具不确定度应小于标准规定的允许值（u_1）。计量器具的测量不确定度允许值按测量不确定度（u）与工件公差的比值分挡。测量不确定度（u）的 Ⅰ、Ⅱ、Ⅲ 三挡值分别为工件公差的 1/10、1/6、1/4。对影响零部件使用功能的和重要的配合尺寸应选择Ⅰ挡，次要的尺寸选择Ⅱ挡，Ⅲ挡主要用于与产品质量无关的尺寸。

可根据如下步骤选择合适的测量量具。

①确定工件的公差；②根据公差的大小，查教材表 6-1“安全裕度与计量器具的测量不确定度的允许值”或 GB/T 3177—2009 得安全裕度 A 和计量器具不确定度的允许值（u_1）；③计算验收极限；④查“计量器具的测量不确定度表”选择计量器具，使计量器具的不确定度小于或等于不确定度的允许值（u_1）。

在车间实际情况下，工件的形状误差通常取决于加工设备及工艺装备的精度。工件合格与否，只按一次测量来判断。对于温度、压陷效应等，以及计量器具和标准器的系统误差均不进行修正。任何检验都存在误判，因此在选择计量器具时还应考虑测量不确定度、过程能力指

数、分布形式等对检验的误判概率的影响。

6.2.3 用光滑极限量规检验工件

1. 基本概念

光滑极限量规是具有以孔或轴的最大极限尺寸和最小极限尺寸为公称尺寸的标准测量面，能反映控制被检孔或轴边界条件的无刻线长度计量器具。用它来检验工件时，只能确定工件是否在允许的极限尺寸范围内，以确定零件是否合格，而无法测量出工件的局部尺寸。光滑极限量规属于专用量规，只能适用于规定公称尺寸的同一种公差带，如检验 ϕ50H7 的孔的光滑极限量规不能用来检验 ϕ50H6 的孔。

光滑极限量规使用方便，检验效率高，一般用于大批量生产的工件的尺寸检验。

按检验时量规是否允许通过，分为通规和止规。检验孔或轴时，通规能自由通过，且止规不能通过，则表示被测孔或轴合格，反之则不合格。为保证使用方便和不混淆，往往把通规和止规做成一体。

按被检工件的类型，量规可分为塞规和卡规（或环规），检验孔的量规称为塞规，检验轴的量规称为卡规或环规，如教材图 6-9、图 6-10 所示。

量规按用途分为工作量规、验收量规、校对量规三类。

2. 泰勒原则与光滑极限量规的公差带

设计光滑极限量规时，应遵守泰勒原则（极限尺寸判断原则）的规定。泰勒原则指孔或轴的实际尺寸与形状误差的综合结果所形成的体外作用尺寸（D_{fe} 或 d_{fe}）不允许超出最大实体尺寸（D_M 或 d_M），在孔或轴任何位置上的实际尺寸（D_a 或 d_a）不允许超出最小实体尺寸（D_L 或 d_L）。

满足泰勒原则的形状为：通规的测量面应与被测孔或被测轴成面接触（全形量规）；止规的测量面应与被测孔或被测轴成点接触（两点式止规）。

在被测孔或轴的形状误差不致影响孔、轴配合性质的情况下，为克服制造或使用符合泰勒原则量规时的不方便，允许使用偏离泰勒原则的量规。例如：量规制造厂供应的量规工作部分的长度不一定等于或近似于被测孔或轴配合长度；大尺寸孔、轴用非全形通规；受特殊结构限制，曲轴轴颈不能用环规，只能使用卡规；为了延长使用寿命，止规不采用两点接触的形状，而制成非全形圆柱面；检小孔时，为增加止规的刚度和便于制造，采用全形止规；检薄壁件时，为防两点式止规易造成该零件变形，也可采用全形止规。

教材图 6-14 是光滑极限量规的公差带，按照该图可以计算出各种极限量规的极限尺寸。量规的形式、几何公差、表面粗糙度见 GB/T 1957—2006 和 JJG 343—2012。量规的技术要求主要是：量规测量面一般用淬硬钢和硬质合金等材料制造，测量面的硬度不应小于 60HRC，以保证耐磨性。

6.3 例题剖析

例 6-1 轴 $\phi 50f7(^{-0.025}_{-0.050})$，直线度误差 0.005 mm，实际尺寸为 49.974 mm，试判断该零件合格与否。

解 分析：本题考查如何利用泰勒原则来判断被检测零件是否合格。对于本题所给出的轴，局部尺寸 d_a 为 49.974 mm，其值必须大于或等于轴的最小极限尺寸；其体外作用尺寸 d_{fe}

为局部尺寸＋几何公差＝(49.974＋0.005) mm＝49.979 mm，其值必须小于或等于轴的最大极限尺寸。两个条件只要有任意一个不满足，则零件不合格。故本题解答如下：

根据零件的尺寸要求，最大实体尺寸为 MMS＝49.975 mm

最小实体尺寸 LMS＝49.95 mm

局部尺寸 d_a＝49.974 mm＞LMS

体外作用尺寸 d_{fe}＝(49.974＋0.005) mm＝49.979 mm＞MMS

故零件不合格。

例 6-2　设如图 1-2 所示减速器输出轴采用小批量生产方式，试选择检验 ϕ45k6 的计量器具，并确定其验收极限。

解　对于单件生产或小批量生产，常采用通用计量器具进行检测，以满足经济性要求。

此工件遵守包容要求，应按内缩方法确定验收极限。

该工件的公差为 0.016 mm，查表得安全裕度 A＝1.6 μm，设计尺寸为 ϕ45k6，因此

$$上验收极限=(45+0.018-0.0016)\ mm=45.0164\ mm$$

$$下验收极限=(45+0.002+0.0016)\ mm=45.0036\ mm$$

按优先选用 Ⅰ 挡的原则查表得计量器具的不确定度允许值 u_1＝1.4 μm。

查仪器的不确定度表，在工件尺寸 40～65 mm 尺寸段，查得分度值为 0.001 mm 的比较仪的不确定度为 0.0011 mm，它小于 0.0014 mm，所以能满足要求。

例 6-3　若如图 1-2 所示减速器输出轴是大批量生产，试设计检验 ϕ45k6 的光滑极限量规(要求画出量规零件图)。

解　(1) 对于大批量生产，多采用专用量规检验，以提高检测效率。

①查表得出该轴段的公差与极限偏差为

$$IT6=16\ \mu m\quad 基本偏差\ ei=2\ \mu m，则\ es=18\ \mu m$$

② 查表得出工作量规制造公差 T 和位置要素 Z 值，确定形位公差。

卡规：制造公差 T＝2.4 μm，位置要素 Z＝2.8 μm，形位公差 $T/2$＝1.2 μm＝0.0012 mm

③ 画出工件和量规的公差带图(略)。

④ 计算量规的极限偏差。

(2) ϕ45k6 轴用卡规。

通规：　上极限偏差＝es－Z＋$T/2$＝(18－2.8＋1.2) μm＝16.4 μm＝0.0164 mm

　　　　下极限偏差＝es－Z－$T/2$＝(18－2.8－1.2) μm＝14 μm＝0.014 mm

止规：　　上极限偏差＝ei＋T＝(2＋2.4) μm＝4.4 μm＝0.0044 mm

　　　　　　　　下极限偏差＝ei＝2 μm＝0.002 mm

量规的零件设计需要注意如下技术规范。

量规常用的类型有双头卡规，单头双极限卡规及环规。一般地，对于 100 mm 以下的轴类零件可以使用环规或卡规作为通规，而对大于 18 mm 的轴，止规则通常使用卡规(GB/T 1957—2006)。这里以单头双极限卡规作为该轴的通规以及止规，这类卡规的止端的钳口长度，通常为通端钳口长度的 30%～40%。

在设计中，对于 IT6～IT9 级精度的轴用工作量规，在工作量规的公称尺寸小于或等于 120 mm 时，测量面的表面粗糙度 Ra 的值为 0.05 μm。

量规的测量面的硬度对量规的使用寿命有很大的影响，因此要求其耐磨性强。一般地，要求卡规测量面的硬度大于 58HRC。

轴用卡规的常用材料为15或20钢渗碳以及硬质合金等。本例中量规精度要求较高，可用GCr15或Cr2钢制造。

其他技术要求：量规的测量表面不应有锈迹、毛刺、黑斑、划痕等明显影响外观和使用质量的缺陷。

按照技术规范要求，零件图如下：

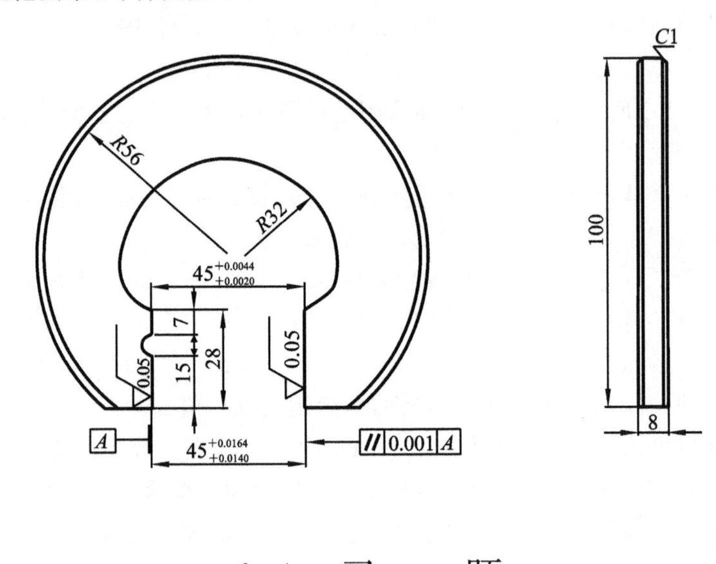

6.4 习 题

一、思考题

1. 简述光滑极限量规的作用和分类。

2. 量规的通规和止规按工件的哪个实体尺寸制造？各控制工件的什么尺寸？

3. 用量规检测工件时，为什么总是成对使用？被检验工件合格的标志是什么？

4. 量规的通规除制造公差外，为什么要规定允许的最小磨损量与磨损极限？

5. 根据泰勒原则设计的量规，对量规测量面的形式有何要求？在实际应用中是否可以偏离泰勒原则？

6. 合格区、不合格区、不确定区如何区分？

7. 如何选择验收极限？

8. 车间现场选择计量器具的原则是什么？

9. 安全裕度、扩展不确定度、计量器具允许的不确定度、工件公差之间有什么关系？

10. 计量器具允许的不确定度是如何分挡的？这些不同的挡应用于什么场合？

11. 什么是误收和误废？它们是如何产生的？

12. 尺寸分布、过程能力指数、测量不确定度和误收、误废之间有什么关系？

二、填空题

1. 根据泰勒原则，通规的工作面应是________表面，止规的工作面应是________表面。

2. 光滑极限量规是能反映控制被检孔或轴________的无刻线长度计量器具。

3. 光滑极限量规按用途可分为________、________、________三种。

4. 工作量规和验收量规的使用顺序是操作者应使用________量规，检验部门和用户代表使用________量规。

5. 设计量规应遵守________原则。

6. 量规通规的公差由________公差和________公差两部分组成。

7. GB/T 3177—2009 规定，验收极限应从被检验零件的________尺寸向________移动一个安全裕度 A。

8. 通规用于控制工件的________，止规用于控制工件的________。

9. 按规范检验工件时，合格区是指被扩展不确定度________的规范区。

10. 按规范检验工件时，不合格区是指被扩展不确定度延伸的________的区域。

11. 功能量规的工作部分包括________、________、________。

三、判断题

1. 检测工件时，测量结果在极限尺寸内的不能判定一定合格，但测量结果超出设计的极限尺寸的可判定为不合格。　（　　）

2. 计量器具的不确定度是测量不确定度的主要来源，带到测量结果中。　（　　）

3. 选择计量器具时，为了保证被测工件的质量，必须严格控制检验的精度，对经济性不作考虑。　（　　）

4. 关于量规工作部分的结构形式，通规理论上应是全形的、止规理论上应是非全形的。　（　　）

5. 使用量规时要注意量规上的标记，只要标记上的公称尺寸与被检工件的公称尺寸相同就可正常使用。　（　　）

6. 光滑极限量规必须成对使用。　（　　）

7. 光滑极限量规由于结构简单，因而一般只用于检验精度较低的工件。　（　　）

四、选择题

1. 光滑极限量规是检验孔、轴的尺寸公差和几何公差之间的关系遵守（　　）的零件。

A. 独立原则　　B. 相关要求　　C. 最大实体要求　　D. 包容要求

2. 理论上，光滑极限量规止规的设计尺寸应为工件的（　　）。

A. 最大极限尺寸　　B. 最小极限尺寸　　C. 最大实体尺寸　　D. 最小实体尺寸

3. 为了延长量规的使用寿命，国家标准除规定量规的制造公差外，对（　　）还规定了磨损公差。

A. 工作量规　　B. 验收量规　　C. 校对量规　　D. 通规

4. 光滑极限量规（　　）得出工件的局部尺寸。

A. 不能　　B. 能

C. 根据测量对象及量规的种类，有些情况下能够

5. 极限量规的止规是用来控制工件的（　　）。

A. 最大极限尺寸　　B. 最小极限尺寸　　C. 局部尺寸　　D. 作用尺寸

6. 孔、轴尺寸的验收极限采用向公差带内缩，会导致（　　）。

A. 误废增加，不产生误收　　B. 误废减少，不产生误收

C. 既不产生误收，也不产生误废　　D. 误收减少，不产生误废

7. 当通规和止规都能通过被测零件，该零件即是（　　）。

A. 合格品　　B. 不合格品　　C. 不能够确定该零件是否合格

8. 符合极限尺寸判断原则的止规的测量面应设计成（　　）。

A. 与孔或轴形状相对应的完整表面　　B. 与孔或轴形状相对应的不完整表面

C. 与孔或轴形状相对应的完整表面或不完整表面均可

9. 用以检验工作量规的量规称为(　　)。

A. 验收量规　B. 位置量规　C. 校对量规　D. 综合量规

10. 极限量规的通规是用来控制工件的(　　)。

A. 最大极限尺寸　B. 最小极限尺寸　C. 最大实体尺寸　D. 体外作用尺寸

11. 符合极限尺寸判断原则的通规的测量面应设计成(　　)。

A. 与孔或轴形状相对应的不完整表面

B. 与孔或轴形状相对应的完整表面

C. 与孔或轴形状相对应的不完整表面或完整表面均可

12. 对于止规和通规,(　　)规定磨损公差。

A. 都需要　B. 都不需要

C. 止规不需要,通规需要　D. 止规需要,通规不需要

13. 对遵守包容要求的尺寸、公差等级高的尺寸,其验收极限应采取(　　)。

A. 双边内缩　B. 最大实体尺寸一边内缩

C. 不内缩　D. 最小实体尺寸一边内缩

14. 光滑极限量规的设计应符合(　　)。

A. 最大实体要求　B. 独立原则

C. 实效边界控制原则　D. 泰勒原则

15. 光滑极限量规通规的设计尺寸应为工件的(　　)

A. 最大极限尺寸　B. 最小极限尺寸　C. 最大实体尺寸　D. 最小实体尺寸

16. 下列选项中,选择计量器具时不考虑的因素是(　　)

A. 被测对象的大小　B. 被测对象的公差

C. 被测对象的生产批量　D. 被测对象的制造难易程度

17. 下列选项中,不属于通用计量器具的是(　　)

A. 游标卡尺　B. 比较仪　C. 投影仪　D. 环规

18. 下列说法中正确的是(　　)

A. 按照验收原则,工件的形状误差不会引起误收

B. 按照验收原则,工件的形状误差必然会引起误收,不可完全避免

C. 工件的形状误差会引起误收,但可通过验收极限的内缩来避免

D. 工件的误收率与验收极限的内缩值有关,与过程能力指数无关

五、计算题

1. 被测工件为一 ϕ50f8 mm 的轴,试确定验收极限并选择合适的计量器具。

2. 检验被测工件尺寸为 ϕ70F9 的孔,试确定验收极限并选择合适的计量器具。

3. 计算检验 ϕ25g7 轴用工作量规的工作尺寸,并画出量规的公差带图。

4. 计算检验 ϕ25H8 孔用工作量规的工作尺寸,并画出量规的公差带图。

5. 已知某孔 ϕ45H8 Ⓔ的实测直径为 ϕ45.01 mm,轴线直线度误差为 ϕ0.015 mm,试判断该零件的合格性。

6.5　部分习题答案与选解

二、填空题

1. 全形　非全形(点状)
2. 边界条件
3. 工作量规　验收量规　校对量规
4. 工作,验收
5. 泰勒
6. 制造,磨损
7. 最大实体或最小实体,公差带内
8. 作用尺寸,局部尺寸
9. 缩小
10. 规范区外
11. 检验部位、定位部位和导向部位

三、判断题

1. ×　2. √　3. ×　4. √　5. ×　6. √　7. ×

四、选择题

1. D　2. D　3. D　4. A　5. C　6. A　7. B　8. B　9. C　10. D

11. B　12. C　13. A　14. D　15. C　16. D　17. D　18. D

五、计算题

1. 解:①确定工件的极限偏差。

该工件的公差为0.039 mm,es=−0.025 mm,ei=−0.064 mm。

②确定安全裕度A和计量器具不确定度允许值u_1。

查表得A=0.003 mm,u_1=0.0027 mm。

③计算验收极限。

上验收极限$=d_{max}-A=(50-0.025-0.003)$ mm=49.972 mm

下验收极限$=d_{min}+A=(50-0.064+0.003)$ mm=49.939 mm

④选择计量器具。按工件公称尺寸50 mm,查教材表6-2,游标卡尺、千分尺均不满足要求。再查教材表6-3,分度值为0.002 mm的比较仪不确定度u_1为0.0018 mm,小于允许值0.0027 mm,可满足使用要求。

2. 解:①确定工件的极限偏差。

公差T_h=0.074 mm,ES=0.104 mm,EI=0.030 mm。

②确定安全裕度A和计量器具不确定度允许值u_1。

查表得A=0.0074 mm,u_1=0.0067 mm。

③计算验收极限。

上验收极限$=D_{max}-A=(70+0.104-0.0074)$ mm=70.0966 mm

下验收极限$=D_{min}+A=(70+0.030+0.0074)$ mm=70.0374 mm

④选择计量器具。按工件公称尺寸70 mm,查教材表6-2知游标卡尺、千分尺均不满足要求,查教材表6-4,分度值为0.001 mm的千分表的不确定度u_1为0.005 mm,小于允许值

0.0067 mm，可满足使用要求。

3. 通规尺寸为：$\phi 24.994^{+0.0024}_{0}$，止规尺寸为：$\phi 24.972^{+0.0024}_{0}$

4. 通规尺寸为：$\phi 25.0067^{0}_{-0.0034}$，止规尺寸为：$\phi 25.033^{0}_{-0.0034}$

5. 解：根据零件的设计尺寸，其公差为 IT8 = 39 μm，则其下偏差为 0，上偏差为 +0.039 mm。故：最大实体尺寸为 MMS=45 mm。

最小实体尺寸 LMS=45.039 mm

局部尺寸 D_a=45.01 mm<LMS

体外作用尺寸 D_{fe}=(45.01−0.015) mm=44.995 mm<MMS

根据泰勒原则，该零件超出最大实体边界，故不合格。

第7章　常用结合件的互换性

本章是互换性与技术测量课程的应用章节，包括滚动轴承、螺纹、圆锥结合和单键、花键结合的尺寸精度、几何公差及表面粗糙度等内容。本章重点介绍相关的国家标准规定和应用，是前面几章基础内容的工程应用实例。

7.1　基本内容与学习要求

本章的基本内容与学习要求：

(1) 了解滚动轴承的基本组成和分类、精度等级和国家标准；

(2) 理解、掌握滚动轴承的内、外径公差带及其特点；

(3) 掌握滚动轴承的配合公差及选用，合理选择滚动轴承的配合以及几何公差和表面粗糙度；

(4) 了解螺纹的分类及使用要求、普通螺纹部分术语及定义、普通螺纹公差及基本偏差；

(5) 理解、掌握螺纹中径的合格性判断原则，利用螺纹中径进行合格性判断；

(6) 了解圆锥结合的基本参数和圆锥几何参数误差对圆锥配合的影响；

(7) 掌握圆锥配合的精度设计；

(8) 了解单键、花键的分类及特点；

(9) 掌握单键、花键的配合精度设计。

本章重点：

(1) 轴承内、外圈相配合的轴和外壳孔的尺寸公差带及配合选用；

(2) 螺纹标记，普通螺纹的检测；

(3) 圆锥配合的精度设计；

(4) 单键、花键的配合精度设计。

本章难点：

(1) 轴承内、外圈相配合的轴和外壳孔的尺寸公差带及配合选用；

(2) 螺纹主要参数的误差及其对互换性的影响以及螺纹中径合格性判断原则；

(3) 圆锥几何参数误差对圆锥配合的影响；

(4) 花键的配合精度设计。

7.2　知识要点、重点和难点解读

7.2.1　滚动轴承的互换性特点

(1) 滚动轴承的滚动体和内圈、外圈、保持架(隔离架)之间的互换性为内互换。因为这些组成零件的精度要求很高，加工难度很大，故它们的互换采取分组互换。

(2) 轴承作为一个标准件，从方便使用的角度出发，其外互换采用完全互换。轴承内圈与轴颈的配合及外圈与机座孔的配合为外互换。轴承外圈与壳体孔的配合应采用基轴制，内圈与轴颈的配合应采用基孔制。但对于0、6、5、4、2各精度等级的轴承，单一平面平均内(外)径的公差带均为单向制，统一采用上偏差为零的布置方案，可以视为特殊的基孔制。轴承内外径公差带的分布如教材图7-2所示。

(3) 内圈与轴颈的配合：采用特殊的基孔制，这样分布主要是考虑在多数情况下，轴承的内圈随轴一起转动时，防止它们之间发生相对运动导致结合面磨损，则两者的配合应是过盈，但过盈量又不宜过大。若采用国家标准中极限与配合的过盈配合，所得过盈量过大；若采用过渡配合则可能出现间隙，不能保证具有一定的过盈。为此，将公差带分布在零线下方，以保证配合获得足够、适当的过盈量。

(4) 外圈与壳孔的配合：采用基轴制，通常不能太紧，单一平面平均外径 D_{mp} 的公差带分布在零线的下侧。轴承孔外径的公差带与国家标准中极限与配合基轴制的基准轴的公差带虽然都在零线下方，即上偏差为零，下偏差为负值，但是轴承外径的公差值是特定的，由GB/T 307.1—2005规定。因此，轴承外圈与外壳的配合与国家标准中极限与配合基轴制的同名配合相比，配合性质也不相同。

7.2.2　螺纹的合格性判断以螺纹作用中径评定

(1) 对于普通螺纹来说，为了保证螺纹的旋合性，并考虑加工和检测的方便，没有单独规定中径、螺距及牙型半角的公差，而是规定中径(综合)公差(T_{D2}，T_{d2})同时用来限制中径、螺距及牙型半角三个参数的误差，加工后的检验是通过测量出螺距、牙型半角、中径等，计算出作用中径来判断螺纹合格与否。

(2) 螺纹中径的合格性判断：中径公差是评定普通螺纹互换性的主要指标。对螺纹中径合格的判断原则是：实际螺纹的作用中径不能超出最大实体牙型的中径，而实际螺纹上任一部位的中径不能超出最小实体牙型的单一中径，即

对于外螺纹

$$d_{2作用} \leqslant d_{2max}$$

$$d_{2单一} \geqslant d_{2min}$$

对于内螺纹

$$D_{2作用} \geqslant D_{2min}$$

$$D_{2单一} \leqslant D_{2max}$$

7.2.3　圆锥几何参数误差对圆锥配合的影响和公差的选取

(1) 圆锥几何参数误差对圆锥配合的影响：圆锥直径误差对基面距的影响；圆锥角误差对基面距的影响；圆锥形状误差对配合的影响。

(2) 为了满足圆锥连接功能和使用要求，圆锥公差国家标准(GB/T 11334—2005)规定下述四项公差：圆锥直径公差(T_D)；圆锥角公差(AT)；圆锥的形状公差 T_F；给定截面的圆锥直径公差 T_{DS}。

(3) 圆锥公差的选取：对一个具体的圆锥零件来说，并不都需要给定上述四项公差，而是按圆锥零件的功能要求和工艺特点选取公差项目。GB/T 11334—2005规定圆锥公差的给定方法有两种。第一种方法是给出圆锥的公称圆锥角 α（或锥度 C)和圆锥直径公差 T_D。第二种方法是给出给定截面的圆锥直径公差 T_{DS} 和圆锥角公差 AT。

7.2.4　矩形花键采用小径定心

(1) 矩形花键主要尺寸参数有小径 d、大径 D、键(槽)宽 B。

(2) 矩形花键连接的结合面有三个，即大径结合面、小径结合面和键侧结合面。要保证三个结合面同时达到高精度的配合是很困难的，也无此必要。使用中只要选择其中一个结合面作为主要配合面，对其尺寸规定较高的精度，作为主要配合尺寸即可。

(3) 花键连接有三种定心方式：小径 d 定心、大径 D 定心和键(槽)宽 B 定心。GB/T 1144—2001 规定矩形花键以小径结合面作为定心表面，即采用小径定心。定心直径 d 的公差等级较高，非定心直径 D 的公差等级较低。但键齿侧面是传递转矩及导向的主要表面，故键(槽)宽 B 应具有足够的精度，一般要求比非定心直径 D 要严格。

7.3　例题剖析

例 7-1　有两个 4 级精度的中系列向心轴承，公称内径 $d=40$ mm，由滚动轴承公差国家标准 GB/T 307.1—2005 可以查得内径的尺寸公差及形状公差为

$$d_{smax}=40\ \text{mm},\quad d_{smin}=(40-0.006)\ \text{mm}=39.994\ \text{mm}$$

$$d_{mpmax}=40\ \text{mm},\quad d_{mpmin}=(40-0.006)\ \text{mm}=39.994\ \text{mm}$$

$$V_{dsp}=0.005\ \text{mm},\quad V_{dmp}=0.003\ \text{mm}$$

假设两个轴承量得的内径尺寸如表 7-1 所示，试根据表中给出数据判断两个轴承合格与否。

表 7-1　例 7.1 计算结果表

		第一个轴承		单项结论
测量平面		Ⅰ	Ⅱ	
量得的单一内径尺寸 d_s		$d_{smax}=40.000$ $d_{smin}=39.998$	$d_{smax}=39.997$ $d_{smin}=39.995$	合格
计算结果	d_{mp}	$d_{mp\,I}=\frac{40+39.998}{2}=39.999$	$d_{mp\,II}=\frac{39.997+39.995}{2}=39.996$	合格
	V_{dsp}	$V_{dsp}=40.000-39.998=0.002$	$V_{dsp}=39.997-39.995=0.002$	合格
	V_{dmp}	$V_{dmp}=d_{mp\,I}-d_{mp\,II}=39.999-39.996=0.003$		合格
结论		内径尺寸合格		

		第二个轴承		单项结论
测量平面		Ⅰ	Ⅱ	
量得的单一内径尺寸 d_s		$d_{smax}=40.000$ $d_{smin}=39.994$	$d_{smax}=39.997$ $d_{smin}=39.995$	合格
计算结果	d_{mp}	$d_{mp\,I}=\frac{40+39.994}{2}=39.997$	$d_{mp\,II}=\frac{39.997+39.995}{2}=39.996$	合格
	V_{dsp}	$V_{dsp}=40.000-39.994=0.006$	$V_{dsp}=39.997-39.995=0.002$	不合格
	V_{dmp}	$V_{dmp}=d_{mp\,I}-d_{mp\,II}=39.997-39.996=0.001$		合格
结论		内径尺寸不合格		

例 7-2　试解释下列螺纹标注的含义。

M10-6g、M10-6H、M20×2-6H/5g6g-S、M14×Ph6P2(three starts)-7H-L-LH

解　M10-6g：表示普通单线外螺纹、公称直径为 10 mm、粗牙螺纹、中径和顶径公差带为 6g、旋合长度为中等 N、右旋螺纹。

M10-6H：表示普通内螺纹、公称直径为 10 mm、粗牙螺纹、中径和顶径公差带为 6H、旋合长度为中等 N、右旋螺纹。

M20×2-6H/5g6g-S：表示螺距为 2 mm、公差带为 6H 的内螺纹与中径、顶径公差带分别

为 5g、6g 的外螺纹组成的配合，旋合长度为中等 N、右旋螺纹。

M14×Ph6P2(three starts)-7H-L-LH：表示普通内螺纹、公称直径为 14 mm、导程为 6 mm、螺距为 2 mm 的三线螺纹、中径和顶径公差带为 7H、旋合长度为长 L、左旋螺纹。

例 7-3 查出 M20×2-7g6g 螺纹的上、下偏差。

解 螺纹代号 M20×2 表示细牙普通螺纹，公称直径 20 mm，螺距 2 mm；公差代号 7g6g 表示外螺纹中径公差带代号为 7g，大径公差带代号为 6g。

由教材表 7-12 可知，g 的基本偏差(es)＝－38 μm；

由教材表 7-9 可知，公差等级为 7 时，中径公差 $T_{d2}=200$ μm；

由教材表 7-10 可知，公差等级为 6 时，大径公差 $T_d=280$ μm；

故

$$中径上极限偏差(es)=-38\ \mu m$$

$$中径下极限偏差(ei)=es-T_{d2}=-238\ \mu m$$

$$大径上极限偏差(es)=-38\ \mu m$$

$$大径下极限偏差(ei)=es-T_d=-318\ \mu m$$

例 7-4 有一螺母，大径为 24 mm，螺距为 3 mm，螺母中径的公差带为 6H。加工后测得尺寸为：单一中径 $D_{2单一}=22.285$ mm，螺距误差 $\Delta P_\Sigma=+50$ μm，牙型半角误差 $\Delta_{\alpha1/2}=-80'$，$\Delta_{\alpha2/2}=+60'$，判断该螺母是否合格。

解 根据已知条件，查机械设计手册及教材表 7-12、表 7-9 可得：中径 $D_2=22.051$ mm，基本偏差 EI＝0，中径公差 $T_{D2}=265$ μm，则

$$中径的上极限偏差\ ES=EI+T_{D2}=+265\ \mu m$$

$$中径的上极限尺寸\ D_{2max}=D_2+ES=(22.051+0.265)\ mm=22.316\ mm$$

$$中径的下极限尺寸\ D_{2min}=D_2+EI=22.051\ mm$$

由教材式(7-3)、式(7-9)可计算：

螺距误差的中径补偿值

$$f_{P\Sigma}=1.732\left|\Delta P_\Sigma\right|=1.732\times 50\ \mu m=86.6\ \mu m\approx 0.087\ mm$$

牙型半角误差的中径补偿值

$$f_{\frac{\alpha}{2}}=0.073P\left(k_1\left|\Delta\frac{\alpha_1}{2}\right|+k_2\left|\Delta\frac{\alpha_2}{2}\right|\right)$$

$$=0.073\times 3\times(3\times 80+2\times 60)\ \mu m=78.84\ \mu m\approx 0.079\ mm$$

由教材式(7-7)可计算：

$$D_{2m}=D_{2实际}-(f_{P\Sigma}+f_{\frac{\alpha}{2}})=22.285\ mm-(0.087+0.079)\ mm=22.119\ mm$$

因为

$$D_{2m}=22.119\ mm>D_{2min}=22.051\ mm$$

$$D_{2单一}=22.285\ mm<D_{2max}=22.316\ mm$$

所以该螺母合格，满足互换性要求。

例 7-5 某位移型圆锥配合的基本直径为 ϕ100 mm，锥度 $C=1:50$，要求形成与 H8/u7 相同的配合性质。试计算其极限轴向位移和轴向位移公差。

解 由国家标准和教材第 2 章可知，对于 ϕ100 H8/u7，查表、计算可得：最大过盈 $\delta_{max}=159$ μm，最小过盈 $\delta_{min}=70$ μm。

最小轴向位移 $E_{amin}=\dfrac{1}{C}\times\delta_{min}=50\times 70\ \mu m=3500\ \mu m=3.5\ mm$

最大轴向位移 $E_{amax}=\dfrac{1}{C}\times\delta_{max}=50\times 159\ \mu m=7950\ \mu m=7.95\ mm$

轴向位移公差　$T_E = E_{a\max} - E_{a\min} = (7.95-3.5)$ mm$=4.45$ mm

例 7-6　矩形花键连接标注为 8×46H7/f7×50H10/a11×9H11/d10，试说明该标注中各项代号的含义。内、外矩形花键键槽和键的两侧面的中心平面对小径定心表面轴线的位置公差有哪两种选择？试述它们的名称及相应采用的公差原则。

解　(1) 花键键数 $N=8$；小径 $d=46$，配合公差 H7/f7；大径 $D=50$，配合公差 H10/a11；键宽 $B=9$，配合公差 H11/d10。

(2) 对于内、外矩形花键键槽和键的分度误差，一般应规定位置度公差，并采用相关要求。

当大批量生产时，采用花键综合量规来检验矩形花键，因此对键宽需要遵守最大实体要求，对键槽和键规定位置度公差。

当单件或小批量生产矩形花键键槽和键而没有专用综合量规时，可标注对称度公差，以便做单项测量，采用独立原则。

例 7-7　以如图 1-1 所示的单级圆柱齿轮减速器的从动轴为例，试选定：(1)滚动轴承的型号、精度等级，轴承与轴和箱体孔的配合；(2)键的型号、公差，键与轴键槽和齿轮键槽的配合。

解　(1) 滚动轴承的型号、精度等级，轴承与轴和箱体孔的配合。

①根据输入功率、输入转速情况，该轴承受轻载荷。由于选用的是斜齿轮传动，考虑轴向载荷，轴承选择圆锥滚子轴承。由于旋转精度和转速较高，选择 6 级精度。选择轴承型号：滚动轴承 30209　GB/T 297。

②由于轴承内圈承受循环载荷，外圈承受局部载荷，选择轴承内圈与主轴配合一起旋转，外圈装在外壳孔中不转。前者配合应紧，后者配合略松。

③参考教材表 7-2、表 7-3 选用轴公差带 ϕ45k6，外壳孔公差带 ϕ100H7。

④根据极限与配合国家标准(GB/T 1801—2009)查得：轴为 $\phi 45\text{k}6(^{+0.018}_{+0.002})$，箱体孔为 $\phi 100\text{H}7(^{+0.035}_{0})$。

(2) 键的型号、公差、键与轴键槽和齿轮键槽的配合。

①ϕ50 mm 轴段上键的选择。

由教材表 7-16 查得：键宽度 $b=14$ mm，高度 $h=9$ mm。

由教材表 7-17 查得：键宽度 $14\text{h}8_{-0.027}^{0}$ mm，高度 $9\text{h}11_{-0.090}^{0}$ mm。

由教材表 7-15、表 7-16 查得：轴键槽 $14\text{N}9_{-0.043}^{0}$；轮毂键槽 14JS9±0.021

深度：轴 $t=5.5^{+0.2}_{0}$；轮毂 $t_1=3.8^{+0.2}_{0}$。

②ϕ35 mm 轴段上键的选择。

由教材表 7-16 查得：键宽度 $b=10$ mm，高度 $h=8$ mm。

由教材表 7-17 查得：键宽度 $10\text{h}8_{-0.022}^{0}$ mm，高度 $8\text{h}11_{-0.090}^{0}$ mm。

由教材表 7-15、表 7-16 查得：轴键槽 $10\text{N}9_{-0.036}^{0}$；轮毂键槽 10JS9±0.018

深度：轴 $t=5^{+0.2}_{0}$；轮毂 $t_1=3.3^{+0.2}_{0}$。

7.4　习　　题

一、思考题

1. 进行机械产品设计，针对滚动轴承设计的主要工作是什么？
2. 滚动轴承的内径公差带为何要分布在零线下方？
3. 什么是螺纹的作用中径？螺纹作用中径的合格性判断原则是什么？

4. 试述圆锥角和锥度的定义。它们之间有什么关系？

5. 机械结构中键和花键的主要功能是什么？

6. 国家标准中，为什么矩形花键应采用小径定心？

7. 平键连接中，键宽和键槽宽的配合采用的是什么基准制？为什么？

二、单项选择题

1. 滚动轴承一般由内圈、外圈、滚动体和保持架所组成，滚动轴承按滚动体结构可分为(　　)。

A. 球轴承、滚子轴承、滚针轴承　B. 向心轴承、推力轴承、向心推力轴承

C. 球轴承　D. 向心推力轴承

2. 滚动轴承按承受载荷形式可分为(　　)。

A. 球轴承、滚子轴承、滚针轴承　B. 向心轴承、推力轴承、向心推力轴承

C. 球轴承　D. 向心推力轴承

3. 普通螺纹通常称为紧固螺纹，有粗牙、细牙两种，用于紧固或连接零件，在使用中的主要要求是(　　)。

A. 具有良好的可旋合性　B. 具有传递运动的准确性

C. 具有良好的密封性能　D. 具有良好的可旋合性和可靠的连接强度

4. 紧密螺纹用于密封的螺纹结合，主要要求是(　　)。

A. 良好的可旋合性　B. 传递运动的准确性

C. 结合紧密，不漏水、漏气和漏油　D. 良好的可旋合性和可靠的连接强度

5. 国家标准规定，公制普通螺纹的(　　)的公称尺寸为螺纹公称直径。

A. 中径　B. 小径　C. 大径

6. (　　)公差是评定普通螺纹互换性的主要指标。

A. 中径　B. 小径　C. 大径

7. 圆锥设计时，一般选用(　　)作为基本直径。

A. 内圆锥、外圆锥的最大直径　B. 内圆锥的最小直径或外圆锥的最大直径

C. 内圆锥、外圆锥的最小直径　D. 内圆锥的最大直径或外圆锥的最小直径

8. 平键连接中(　　)是决定配合性质和配合精度的主要参数，为主要配合尺寸。

A. 键长与键槽长　B. 键宽与键槽宽　C. 键高、轴槽深和轮毂槽深

9. 矩形花键连接有三种定心方式：小径定心、大径定心和键(槽)宽定心，国家标准规定矩形花键以(　　)作为定心表面。

A. 小径　B. 大径　C. 键(槽)宽

10. 在大批量生产时，对花键的键和键槽只需要规定位置度公差，采用花键综合量规来检验矩形花键，因此对键宽需要遵守(　　)。

A. 独立原则　B. 最大实体要求　C. 最小实体要求

11. 在单件、小批生产时，对花键的键和键槽规定对称度公差和位置度公差，并遵守(　　)。

A. 独立原则　B. 最大实体要求　C. 最小实体要求

三、判断题(正确的打“√”，错误的打“×”)

1. 滚动轴承内圈与轴颈的配合采用基孔制，且不同于一般的基孔制，内圈公差带分布于零线下方，上偏差为零，下偏差为负。　(　　)

2. 任何情况下，滚动轴承外圈与外壳孔的配合都不允许有间隙。（　）

3. 多数情况下，轴承内圈与轴一起旋转，为防止它们配合面间相对滑动而产生磨损，要求其配合面的过盈量必须很大。（　）

4. 滚动轴承的基本尺寸主要指轴承内径、外径和宽度。（　）

5. 圆锥一般以大端直径为公称尺寸。（　）

6. 锥度是两个垂直圆锥轴线的截面的圆锥半径差与该两截面间的轴向距离之比。（　）

7. 莫氏锥度在工具行业中应用很广，有关参数、尺寸及公差已标准化。（　）

8. 用正弦尺测量圆锥量规属于直接测量法。（　）

9. 普通螺纹是通过判断单一中径是否合格来判断该螺纹合格性的。（　）

10. 内、外螺纹的旋合性，必须满足内螺纹的作用中径大于或等于外螺纹的作用中径。（　）

11. 螺纹在图样上的标记内容包括螺纹代号、螺纹公差带代号和螺纹旋合长度。（　）

12. 牙型半角误差是由牙型角大小误差和牙型角位置误差两个因素形成的。（　）

13. 平键的工作面是上、下两面。（　）

14. 矩形花键的定心方式，按国家标准规定采用大径定心。（　）

15. 矩形花键的小径的极限尺寸应遵守最大实体要求。（　）

16. 国家标准对花键表面没有推荐表面粗糙度值。（　）

四、综合设计题

1. 有一个0级滚动轴承210（外径为$\phi 90_{-0.015}^{\ 0}$ mm，内径为$\phi 50_{-0.012}^{\ 0}$ mm），它与内圈配合的轴用k5、与外圈配合的孔用J6，试画出它们的极限与配合示意图，并计算其极限间隙（或过盈）及平均间隙（或过盈）。

2. 图7-1所示为某闭式传动的减速器的一部分装配图，它的传动轴上安装0级6209深沟球轴承（外径为ϕ85 mm，内径为ϕ45 mm），它的额定动负荷为19700 N。工作情况为：外壳固定；传动轴旋转，转速为980 r/min。承受的径向动负荷为1300 N。试确定：

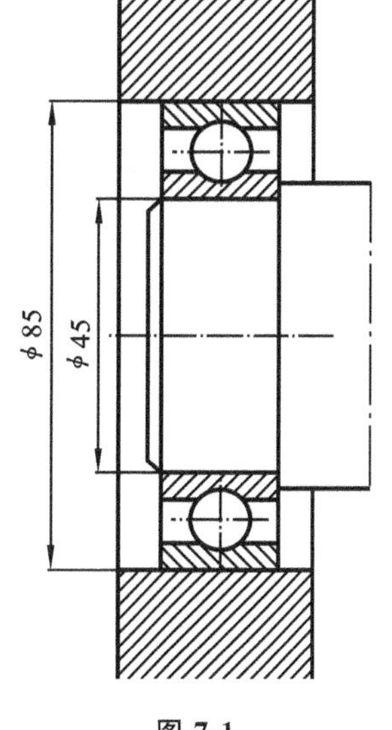

图 7-1

（1）轴颈和外壳孔的尺寸公差带代号和采用的公差原则；

（2）轴颈和外壳孔的几何公差值和表面粗糙度轮廓幅度参数上限值；

（3）将上述公差要求分别标注在装配图和零件图上。

3. 某圆锥的锥度为1∶10，最小圆锥直径为90 mm，圆锥长度为100 mm，试求其最大圆锥直径和圆锥角。

4. 用正弦规测量锥度量规的锥角偏差。锥度量规的锥角公称值为2°52′31.4″(2.875402°)，测量简图如图7-2所示。正弦规两圆柱中心距为100 mm，两测点间的距离为70 mm，两测点的读数差为17.5 μm。试求量块组的计算高度及锥角偏差；若锥角极限偏差为±315 μrad，此项偏差是否合格？

5. 解释下列螺纹标记中各代号的含义：①M20-6H；②M24×2-5g6g-L；③M30×2-6H/5g6g-S。

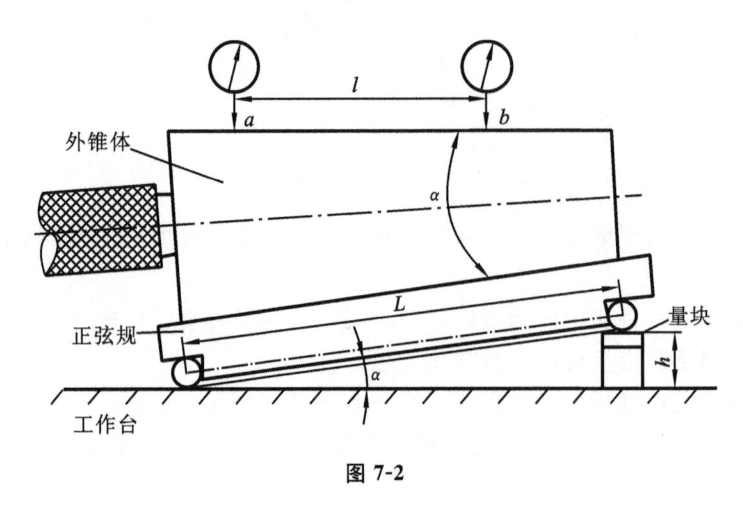

图 7-2

6. 一对螺纹配合代号为 M20×2-6H/5g6g，试通过查表，写出内、外螺纹的公称直径，大、中、小径的公差，极限偏差和极限尺寸。

7. 测得某螺栓 M16-6h(d_2=14.701 mm，T_{d2}=0.16 mm，P=2 mm)的单一中径为 14.6 mm，ΔP_{Σ}=35 μm，$\Delta_{\alpha1/2}=-50'$，$\Delta_{\alpha2/2}=+40'$，试问：此螺栓的中径是否合格？

8. 有一 ϕ40H7/m6 的孔、轴配合，采用普通平键连接中的正常连接传递转矩。试确定：

①孔和轴的极限偏差；

②轮毂键槽和轴键槽的宽度和深度的基本尺寸及极限偏差；

③孔和轴的直径采用的公差原则；

④轮毂键槽两侧面的中心平面相对于轮毂孔的基准轴线的对称度公差值，该对称度公差采用独立原则；

⑤轴键槽两侧面的中心平面相对于轴的基准轴线的对称度公差值，该对称度公差与键槽宽度尺寸公差的关系采用最大实体要求，而与轴的尺寸公差的关系采用独立原则；

⑥孔、轴和键槽的表面粗糙度轮廓幅度参数及其允许值。

将这些技术要求标注在图 7-3 上。

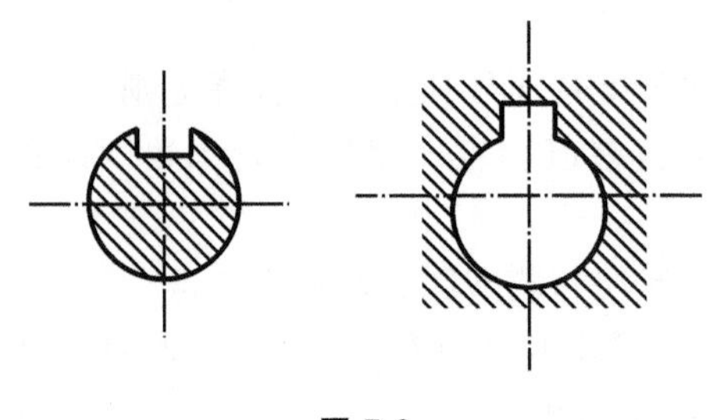

图 7-3

9. 根据国家标准的规定，按小径定心的矩形花键副在装配图上的标注为 6×23H7/g7×26H10/a11×6H11/f9。试确定：

(1) 内、外花键的小径、大径、键槽宽度、键宽度的极限偏差；

(2) 键槽和键的两侧面的中心平面对定心表面轴线的位置度公差值；

(3) 定心表面采用的公差原则；

(4) 位置度公差与键槽宽度(或键宽度)尺寸公差及定心表面尺寸公差的关系应采用的公

差原则；

(5) 内、外花键的表面粗糙度轮廓幅度参数及其允许值。

将这些技术要求标注在图 7-4 上。

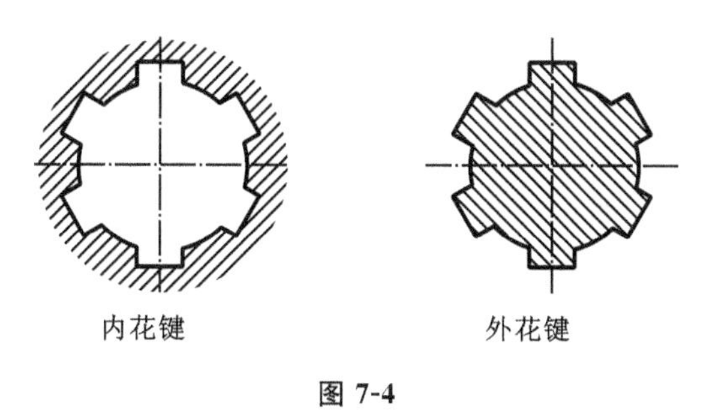

图 7-4

7.5　部分习题解答与选解

二、单项选择题

1. A　2. B　3. D　4. C　5. C　6. A　7. D　8. B　9. A　10. B　11. A

三、判断题

1. √　2. ×　3. ×　4. ×　5. ×　6. ×　7. ×　8. ×　9. ×　10. ×

11. ×　12. ×　13. ×　14. ×　15. ×　16. ×

四、综合设计题

1. 解：(1) 根据极限与配合国家标准(GB/T 1801—2009)查得：与内圈配合的轴为 $\phi50K5\left(^{+0.013}_{+0.002}\right)$ mm，与外圈配合的外壳孔为 $\phi90J6\left(^{+0.016}_{-0.006}\right)$ mm。

(2) 画出公差与配合示意图，如图 7-5 所示。

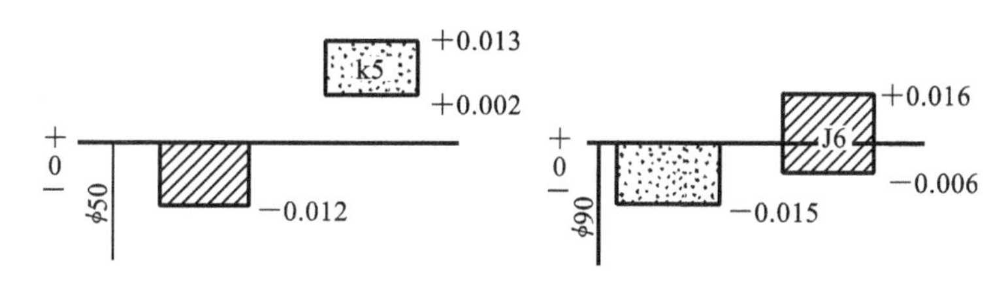

图 7-5

(3) 滚动轴承内圈配合：(过盈配合)

最大过盈　　$Y_{max}=EI-es=(-0.012-0.013)\ mm=-0.025\ mm$

最小过盈　　$Y_{min}=ES-ei=(0-0.002)\ mm=-0.002\ mm$

(4) 滚动轴承外圈配合：(过渡配合)

最大间隙　　$X_{max}=ES-ei=[+0.016-(-0.015)]\ mm=0.031\ mm$

最大过盈　　$Y_{max}=EI-es=(-0.006-0)\ mm=-0.006\ mm$

2. 解：(1) 已知额定动负荷 $C=19700$ N，径向动负荷 $P=1300$ N，计算可知 $P\leqslant0.07C$，为轻载荷。参考教材表 7-2、表 7-3 选用轴公差带 $\phi45js6$，外壳孔公差带 $\phi85H7$。

根据滚动轴承公差国家标准(GB/T 307.1—2005)查出：6 级轴承单一平面平均内径偏差 Δ_{dmp} 为 $\phi45\left(^{\ \ 0}_{-0.01}\right)$ mm，轴承单一平面平均外径偏差 Δ_{Dmp} 为 $\phi85\left(^{\ \ 0}_{-0.013}\right)$ mm。

根据极限与配合国家标准(GB/T 1801—2009)查得：轴为 $\phi45js6\left(^{+0.011}_{-0.005}\right)$ mm，外壳孔为

$\phi 85H7(^{+0.035}_{0})$ mm。

外圈与 $\phi 85$ 外壳孔的配合：$X_{min}=0$ mm，$X_{max}=0.048$ mm，$X_{av}=0.024$ mm

内圈与 $\phi 45$ 轴颈的配合：$X_{max}=0.005$ mm，$Y_{max}=-0.021$ mm，$Y_{av}=-0.008$ mm

由此可知，轴承与轴的配合比与外壳孔的配合要紧些。

为了保证外壳孔、轴与轴承的配合性质，外壳孔和轴的尺寸公差和几何公差的关系采用包容要求；

(2) 按教材表 7-4、表 7-5 查出外壳孔和轴的几何公差和表面粗糙度值。

外壳孔的圆柱度公差为 10 μm，表面粗糙度值为 1.6 μm；

轴颈的圆柱度公差为 4 μm，表面粗糙度值为 0.8 μm；

轴肩端面的圆跳动公差为 12 μm，表面粗糙度值为 3.2 μm。

(3) 将上述公差要求分别标注在装配图和零件图上(见图 7-6(b)、(c))。

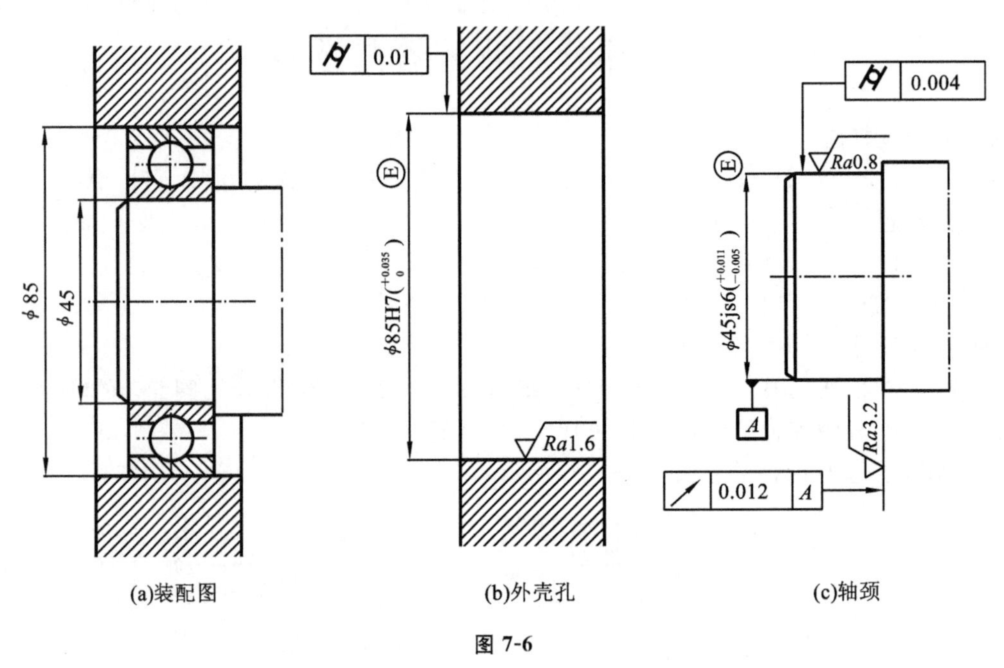

图 7-6

3. 解：根据已知条件，可得：$C=1:10$；$d=90$ mm；$L=100$ mm。

(1) 由 $C=(D-d)/L$，最大圆锥直径 $D=d+CL=(90+0.1\times 100)$ mm$=100$ mm

(2) 由 $C=2\tan\frac{\alpha}{2}$，圆锥角 $\alpha=2\arctan\frac{C}{2}=2\arctan(1/2\times 0.1)=5.724810°=5°43'29.3''$

4. 解：根据已知条件，可得：$\alpha=2.875402°$；$L=100$ mm；$l=70$ mm；$n=17.5$ μm

量块组的计算高度 $h=L\times\sin\alpha=100$ mm$\times\sin 2.875402=5.0164$ mm

(注：量块组的组合高度 5.020 mm，则由于量块组的组合高度带来的锥角误差为 $\Delta\alpha=\arcsin\frac{\Delta h}{L}\approx\frac{\Delta h}{L}=\frac{0.0036}{100}$ rad $=0.000036$ rad $=0.036$ μrad，可以忽略不计。)

锥度误差 $\Delta C=\frac{n}{l}=\frac{17.5}{70\times 1000}=0.00025$

锥角偏差 $\Delta(\alpha)=\Delta C\times 2\times 10^5=0.00025\times 2\times 10^5=50''=2.424$ μrad

此项偏差合格。

5. 解：①M20-6H：表示普通内螺纹、公称直径为 20 mm、粗牙螺纹、中径和顶径公差带为 6H、中等旋合长度 N、右旋螺纹。

②M24×2-5g6g-L：表示普通单线外螺纹、公称直径为 24 mm、螺距为 2 mm、中径公差带为 5g 和顶径公差带 6g、长旋合长度 L、右旋螺纹。

③M30×2-6H/5g6g-S：表示公称直径为 30 mm、螺距为 2 mm、公差带为 6H 的内螺纹与公差带为 5g6g 的外螺纹组成的配合、短旋合长度 S。

6. 解：根据已知条件，查机械设计手册及教材表 7-12、表 7-9，可得：

(1) 外螺纹：公称直径 $d=20$ mm，中径 $d_2=18.701$ mm，大径 $d=20$ mm，中径、大径基本偏差 es$=-38$ μm，中径公差 $T_{d2}=170$ μm，大径公差 $T_d=280$ μm，则

中径的下极限偏差 $ei=es-T_{d2}=(-38-170)\ \mu m=-208\ \mu m$

中径的上极限尺寸 $d_{2\max}=d_2+es=(18.701-0.038)\ mm=18.663\ mm$

中径的下极限尺寸 $d_{2\min}=d_2+ei=(18.701-0.208)\ mm=18.493\ mm$

大径的下极限偏差 $ei=es-T_d=(-38-280)\ \mu m=-318\ \mu m$

大径的上极限尺寸 $d_{\max}=d+es=(20-0.038)\ mm=19.962\ mm$

大径的下极限尺寸 $d_{\min}=d+ei=(20-0.318)\ mm=19.682\ mm$

(2) 内螺纹：公称直径 $D=20$ mm，中径 $D_2=18.701$ mm，小径 $D_1=17.835$ mm；中径、小径基本偏差 EI$=0$，中径公差 $T_{D2}=212$ μm，小径公差 $T_{D1}=375$ μm，则

中径的上极限偏差 $ES=EI+T_{D2}=212\ \mu m$

中径的上极限尺寸 $D_{2\max}=D_2+ES=(18.701+0.212)\ mm=18.913\ mm$

中径的下极限尺寸 $D_{2\min}=D_2+EI=18.701\ mm$

小径的上极限偏差 $ES=EI+T_{D1}=375\ \mu m$

小径的上极限尺寸 $D_{1\max}=D_2+ES=(17.835+0.212)\ mm=18.047\ mm$

小径的下极限尺寸 $D_{1\min}=D_2+EI=17.835\ mm$

7. 解：根据已知条件，查机械设计手册及教材表 7-12、表 7-9，可得：中径 $d_2=14.701$ mm，基本偏差 es$=0$，中径公差 $T_{d2}=160$ μm，则

中径的下极限偏差 $ei=es-T_{d2}=-160\ \mu m$

中径的上极限尺寸 $d_{2\max}=d_2+es=14.701\ mm$

中径的下极限尺寸 $d_{2\min}=d_2+ei=(14.701-0.16)\ mm=14.541\ mm$

由教材式(7-3)、式(7-9)可计算：

螺距误差的中径补偿值 $f_{P\Sigma}=1.732\left|\Delta P_{\Sigma}\right|=1.732\times 35\ \mu m=60.62\ \mu m\approx 0.061\ mm$

牙型半角误差的中径补偿值

$$f_{\frac{\alpha}{2}}=0.073P\left(k_1\left|\Delta\frac{\alpha_1}{2}\right|+k_2\left|\Delta\frac{\alpha_2}{2}\right|\right)$$

$$=0.073\times 3\times(3\times 50+2\times 40)\ \mu m=50.37\ \mu m\approx 0.050\ mm$$

由教材式(7-7)可计算：

螺母的作用中径

$$d_{2m}=d_{2实际}+(f_{P\Sigma}+f_{\frac{\alpha}{2}})=(14.6+0.061+0.050)\ mm=14.711\ mm$$

因为 $$d_{2m}=14.711\ mm>d_{2\max}=14.701\ mm$$

$$d_{2单一}=14.6\ mm>d_{2\min}=14.541\ mm$$

所以该螺栓不合格，不满足互换性要求。

8. 解：①孔和轴的极限偏差：根据极限与配合国家标准(GB/T 1801—2009)查得：

轴为 $\phi40\text{m6}(^{+0.025}_{+0.009})$ mm，孔为 $\phi40\text{H7}(^{+0.025}_{0})$ mm。

②轮毂键槽和轴键槽宽度和深度的基本尺寸及极限偏差如下。

由教材表 7-16 查得：键宽度 $b=12$ mm，高度 $h=8$ mm。

由教材表 7-17 查得：键宽度 $12\text{h8}(^{0}_{-0.027})$mm，高度 $8\text{h11}(^{0}_{-0.090})$ mm。

由教材表 7-15、表 7-16 查得：轴键槽 $12\text{N9}^{0}_{-0.043}$；轮毂键槽 12JS9±0.021。

深度：轴 $t=5^{+0.2}_{0}$；轮毂 $t_1=3.3^{+0.2}_{0}$。

③孔和轴的直径采用的公差原则：包容要求。

④轮毂键槽两侧面的中心平面相对于轮毂孔的基准轴线的对称度公差值(查机械设计手册，取对称度公差值 0.02 mm)，该对称度公差采用独立原则。

⑤轴键槽两侧面的中心平面相对于轴的基准轴线的对称度公差值(查机械设计手册，取对称度公差值 0.02 mm)，该对称度公差与键槽宽度尺寸公差的关系采用最大实体要求，而与直径轴尺寸公差的关系采用独立原则。

⑥孔、轴和键槽的表面粗糙度轮廓幅度参数及其允许值(查机械设计手册，取表面粗糙度轮廓幅度参数及其允许值)。

这些技术要求标注如图 7-7 所示。

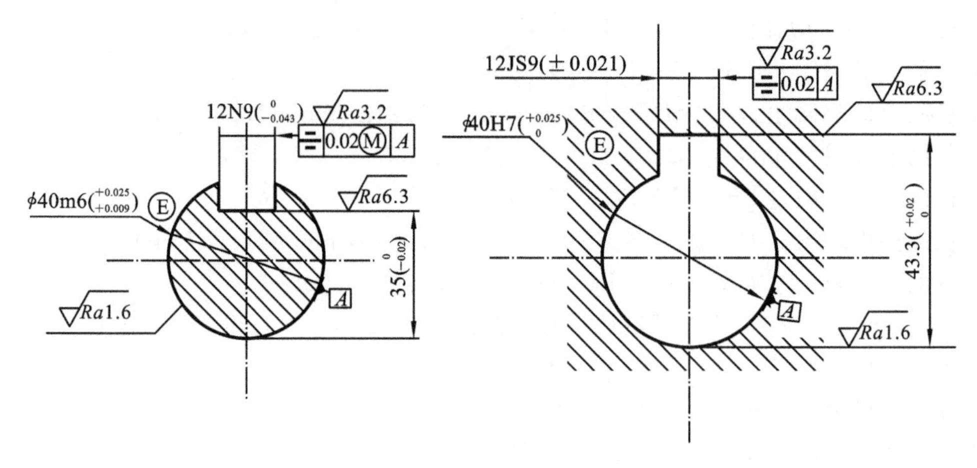

图 7-7

9. 解：(1) 内、外花键的小径、大径、键槽宽度、键宽度的极限偏差。

花键键数 $N=6$；小径 $d=23$，配合公差 H7/g7；大径 $D=26$，配合公差 H10/a11；键宽 $B=6$，配合公差 H11/f9。根据极限与配合国家标准(GB/T 1801—2009)查得：

内花键的小径 $\phi23\text{H7}(^{+0.021}_{0})$、大径 $\phi26\text{H10}(^{+0.084}_{0})$、键槽宽度 $6\text{H11}(^{+0.075}_{0})$；

外花键的小径 $\phi23\text{g7}(^{-0.007}_{-0.028})$、大径 $\phi26\text{a11}(^{-0.300}_{-0.430})$、键宽度 $6\text{f9}(^{-0.010}_{-0.040})$。

(2) 键槽和键的两侧面的中心平面对定心表面轴线的位置度公差值。

由教材表 7-20 查得：键槽宽的位置度公差 0.015 mm；键宽的位置度公差 0.010 mm。

(3) 定心表面采用的公差原则：为了保证定心表面的配合性质，内、外花键的小径(定心直径)的尺寸公差和几何公差的关系采用包容要求。

(4) 位置度公差与键槽宽度(或键宽度)尺寸公差及定心表面尺寸公差的关系应采用的公差原则：对键槽和键规定位置度公差，键槽宽度(或键宽度)需要遵守最大实体要求；内、外花键的小径(定心直径)的尺寸公差和几何公差的关系采用包容要求。

(5) 内、外花键的表面粗糙度允许值。由教材表 7-22 查得：内花键的小径 0.8 μm、大径 6.3 μm、键槽宽度 3.2 μm；外花键的小径 0.8 μm、大径 3.2 μm、键宽度 0.8 μm。

将以上各项技术要求标注到图纸上，如图 7-8 所示。

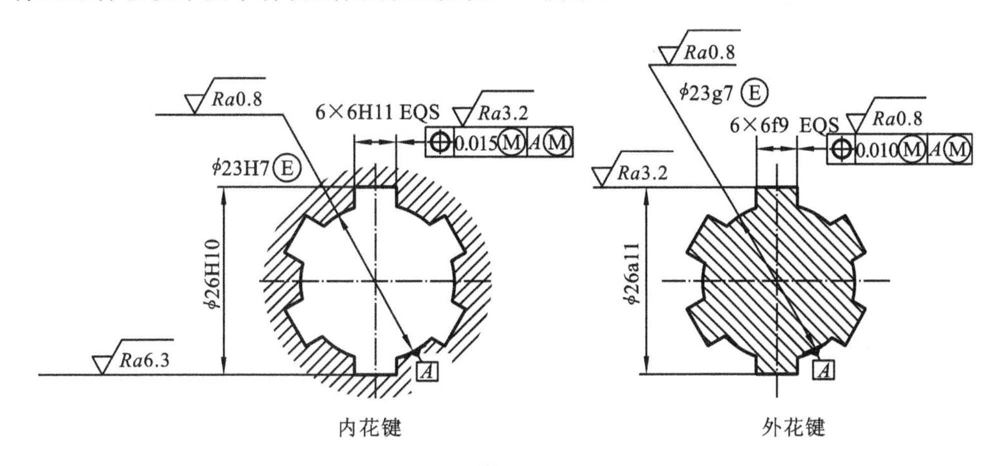

图 7-8

第8章　圆柱齿轮公差与检测

8.1　基本内容与学习要求

由于齿轮公差所涉及的国家标准多、内容多、项目多、符号多、检测方法多，因此本章是互换性与技术测量课程的难点。本章主要介绍渐开线圆柱齿轮精度标准、圆柱齿轮检验实施规范及其应用，要求掌握齿轮公差与检测方面的基本知识。

本章的主要内容与学习要求：

(1) 掌握齿轮传动的4项基本要求；

(2) 理解并掌握齿轮的加工误差及公差项目；

(3) 了解齿轮的主要精度指标、侧隙指标及检测，以及除此以外的其他指标及检测；

(4) 理解齿轮副的误差及公差项目；

(5) 了解齿轮的齿厚偏差和齿轮坯公差；

(6) 学会正确标注齿轮的精度要求；

(7) 掌握圆柱齿轮精度设计方法并能实际应用。

本章重点：

(1) 齿轮的精度指标；

(2) 齿轮加工误差及公差项目；

(3) 齿轮副侧隙的作用及大小的确定方法；

(4) 正确标注齿轮的精度要求。

本章难点：

齿轮的精度设计和选择齿轮精度检验项目的组合。

8.2　知识要点、重点和难点解读

8.2.1　齿轮传动的四项基本要求和齿轮的加工误差

1. 齿轮传动的四项基本要求

(1) 传递运动的准确性：要求传递运动或分度准确可靠。

(2) 传动的平稳性：要求齿轮传动瞬时的传动比变化尽量小。

(3) 载荷分布的均匀性：工作齿面的接触区域不能小于允许范围，确保承载能力和寿命。

(4) 合理的传动侧隙：非工作齿面间有合适间隙以存储润滑油及补偿变形。

2. 齿轮的常见加工误差

齿轮的加工方法有多种，按齿廓形成原理可分为仿形法和展成法两种。教材中以滚齿加工为例，分析产生齿轮加工误差的主要原因。

表 8-1　常见齿轮加工误差

误差项目		对传动的影响	误差的来源与特点
偏心	几何偏心	传动的准确性	齿轮坯基准孔与机床心轴之间有安装偏心。长周期误差
	运动偏心	传动的准确性	机床工作台分度蜗轮与主轴的偏心。长周期误差
机床传动链高频误差		传动的平稳性	分度蜗杆的安装偏心和轴向窜动。短周期误差
滚刀的加工误差		传动的平稳性	滚刀本身的误差。短周期误差
滚刀的安装误差		载荷分布均匀性	滚刀刀架或齿轮胚轴线相对工作台轴线误差
齿厚偏差		侧隙	安装偏心、刀具进刀位置误差

8.2.2　齿轮的主要精度指标、侧隙指标和其他指标及检测

1. 齿轮的主要精度指标和侧隙指标及检测

齿轮的主要精度指标的具体项目和检测方法见表 8-2。

表 8-2　齿轮的主要精度指标和侧隙指标

项目名称		代号	影响	检测方法举例
齿距累积总偏差		F_p	传动的准确性	在齿距测量仪或万能测齿仪上测量
单个齿距偏差		f_{pt}	传动的平稳性	
齿廓总偏差		F_α	传动的平稳性	在渐开线测量仪上用展成法检测
螺旋线总偏差		F_β	载荷分布均匀性	用径向跳动测量仪检测直齿轮、 用螺旋线测量仪及展成法测量斜齿轮
侧隙指标	齿厚极限偏差	E_{sn}	侧隙	用游标测齿卡尺或光学测齿卡尺测量
	最小法向侧隙	j_{nmin}	侧隙	用公法线千分尺或万能测齿仪测量

2. 学习要点

(1) 齿轮的应检精度能全面评定齿轮传动四个基本要求。

①齿距累积总偏差是评定传动准确性的综合指标,它既能反映切向误差又能反映径向误差;

②齿廓总偏差和单个齿距偏差分别反映一对轮齿在啮合过程中以及交替啮合时瞬时传动比的变化,能较全面地反映传动平稳性;

③螺旋线总偏差直接影响轮齿在齿宽方向的接触好坏,是评定载荷分布均匀性的指标。

(2) 考虑侧隙指标可以用齿厚偏差来评定。齿轮副侧隙的大小与齿轮齿厚的减薄量有密切关系,在中心距一定的情况下,齿厚减薄越多,侧隙越大,所以一般用单个齿轮的齿厚偏差来评定侧隙。

(3) 齿轮的主要精度指标和侧隙指标在齿轮设计时应予以标注,在齿轮加工后进行检验,其他的精度指标则可以根据齿轮的制造及使用等情况决定是否采用及检验。

3. 齿轮评定时可采用的其他指标

齿轮的主要精度指标以外的其他精度指标(非必检项目)列于表 8-3 中。

表 8-3　齿轮的其他精度指标

项 目 名 称	代号	影　　响	检测方法举例
齿距累积偏差	F_{pk}	传动的平稳性	在齿距仪或万能测齿仪上用相对法测量

续表

项目名称	代号	影响	检测方法举例
齿廓形状偏差	$F_{f\alpha}$	传动的平稳性	在渐开线测量仪上用展成法检测
齿廓倾斜偏差	$F_{H\alpha}$	传动的平稳性	在渐开线测量仪上用展成法检测
螺旋线形状偏差	$F_{f\beta}$	载荷分布均匀性	用径向跳动测量仪检测直齿轮、用螺旋线测量仪及展成法测量斜齿轮
螺旋线倾斜偏差	$F_{H\beta}$	载荷分布均匀性	
切向综合总偏差	F_i'	传动的准确性	在单面啮合仪上检测
一齿切向综合偏差	f_i'	传动的平稳性	
径向综合总偏差	F_i''	传动的准确性	在双面啮合仪上检测
一齿径向综合偏差	f_i''	传动的平稳性	
径向跳动	F_r	传动的准确性	用径向跳动测量仪或万能测齿仪检测

8.2.3 齿轮的精度等级

1. 新齿轮精度标准体系

(1) GB/T 10095.1—2008 圆柱齿轮　精度制　第1部分:轮齿同侧齿面偏差的定义和允许值。

(2) GB/T 10095.2—2008 圆柱齿轮　精度制　第2部分:径向综合偏差与径向跳动的定义和允许值。

(3) GB/Z 18620.1—2008 圆柱齿轮　检验实施规范第1部分:轮齿同侧齿面的检验。

(4) GB/Z 18620.2—2008 圆柱齿轮　检验实施规范第2部分:径向综合偏差、径向跳动、齿厚和侧隙的检验。

(5) GB/Z 18620.3—2008 圆柱齿轮　检验实施规范第3部分:齿轮坯、轴中心距和轴线平行度。

(6) GB/Z 18620.4—2008 圆柱齿轮　检验实施规范第4部分:表面结构和轮齿接触斑点的检验。

(7) GB/T 13924—2008 渐开线圆柱齿轮精度检验细则。

2. 掌握国家标准中规定的精度等级

国家标准对齿轮大部分的精度指标规定了13个精度等级,即0～12级,0级最高;对少数精度指标(齿轮径向综合总偏差、齿轮一齿径向综合偏差)规定了9个精度等级,即4～12级,4级最高。

3. 齿轮精度等级的选择

(1) 精度等级选择的基本方法:常用的有类比法和计算法两种。类比法运用较多,计算法主要用于精密齿轮传动系统。

(2) 齿轮精度的具体要求见GB/T 10095.1—2008、GB/T 10095.2—2008。

8.2.4 齿轮副的误差及公差项目

1. 齿轮副的主要公差项目

齿轮副的主要公差项目的名称、代号及对齿轮传动的影响列于表8-4中。

表 8-4　齿轮副的主要公差项目

项 目 名 称	代　　号	对齿轮传动的影响
中心距极限偏差	$\pm f_a$	侧隙
轴线平行度公差	$f_{\Sigma\delta}$,$f_{\Sigma\beta}$	侧隙,载荷分布均匀性
接触斑点	—	载荷分布均匀性,传动平稳性

2. 学习要点

(1) 对传递运动用的齿轮,其侧隙必须严格控制。当齿轮负荷经常反向时,中心距公差更应严格控制。选择中心距偏差时应考虑轴、箱体和轴承的偏斜、安装误差、轴承跳动、温度等因素的影响。

新国家标准中没有规定中心距极限偏差的具体数值,可以参考 GB/T 10095—1988 中的中心距极限偏差数值。

(2) 轴线的平行度误差分垂直平面上和轴线平面上两个方向的平行度误差。一定量的垂直平面上的偏差将比同样大小轴线平面上的偏差导致的啮合偏差大 2～3 倍。因此,GB/Z 18620.3—2008 对上述两种不同方向的轴线平行度推荐了不同的平行度公差值:

$$f_{\Sigma\delta} = (L/b)F_\beta, \quad f_{\Sigma\beta} = 0.5(L/b)F_\beta = 0.5f_{\Sigma\delta}$$

(3) 齿轮副沿齿长方向的接触斑点主要影响齿轮副的承载能力,沿齿高方向的接触斑点主要影响工作平稳性。

8.2.5　齿轮侧隙指标公差和齿轮坯公差及各表面的粗糙度要求

1. 掌握如何确定齿厚极限偏差

为保证齿轮在工作中保持合理间隙,通常要给出齿厚极限偏差。新国家标准中没有给出齿厚极限偏差的规定值,要由设计人员按其使用情况确定。

2. 理解并掌握齿轮坯的公差要求

1) 理解齿轮坯精度的重要作用

齿轮坯的尺寸和几何误差对齿轮副的工作情况有重要影响。切齿前齿轮坯基准表面的精度对齿轮的加工精度和安装精度的影响很大,故用控制齿轮坯精度的方法来保证和提高齿轮的加工精度是一项有效的技术措施。

2) 齿轮坯公差项目及数值的选择

①常见的齿轮结构是盘形齿轮和齿轮轴。盘形齿轮的公差项目主要有:基准孔的尺寸公差(采用包容要求)、齿顶圆柱面的直径公差、定位端面对基准孔的端面圆跳动公差、齿顶圆柱面对基准孔的径向圆跳动公差。齿轮轴的公差项目主要有:两个轴颈的直径公差(采用包容要求)、两个轴颈分别对它们公共轴线的径向圆跳动公差。

②基准面与安装面的形状误差。若工作安装面被选择为基准面,可直接选用教材表 8-6 的形状公差。当基准轴线与工作轴线不重合时,则工作安装面相对于基准轴线的公差在齿轮零件图样上予以控制,其跳动公差不大于教材表 8-7 中规定的数值。

③齿顶圆直径的公差。为保证设计重合度、顶隙,把齿顶圆柱面作基准面时,教材表 8-5 中数值可用作尺寸公差;教材表 8-6 中数值可用作其形状公差。

④为适应新旧标准的过渡与转化,对齿坯的尺寸和形状公差、齿坯基准面径向和端面圆跳动公差,可在 GB/T 10095—1988 中查取。

3. 掌握齿轮齿面和基准面的表面粗糙度的选取

按 GB/Z 18620.3—2008 表 2 选取齿轮齿面、盘形齿轮的基准孔、齿轮轴的轴颈、基准端面、径向找正用的圆柱面和作为测量基准的齿顶圆柱面的表面粗糙度数值。

8.2.6　齿轮精度的设计方法

本章学习的最终目的是掌握齿轮精度的设计方法，并能实际运用。圆柱齿轮精度设计的一般步骤是：

①选择齿轮的精度等级；

②确定齿轮的精度检验项目的公差或偏差；

③确定齿轮的侧隙指标及其极限偏差；

④确定齿轮坯公差；

⑤确定各表面的表面粗糙度；

⑥将各项精度要求正确地标注在齿轮零件工作图上。

8.2.7　学习方法

(1) 把握重点，着重掌握标准中规定的每一个必检项目，对其他可以采用的项目及检测方法只进行一般了解。

(3) 采用“对比总结法”学习，理解各公差项目的异同及联系，把握各公差项目能控制哪一类误差对象，总结出大致的规律。

(3) 学完本章基本内容后，进行一个完整的齿轮精度设计，以便全面系统地掌握本章基本知识的运用。

8.3　例题剖析

例 8-1　如图 1-1 所示圆柱齿轮减速器，已知传递功率为 3.42 kW，输入转速 $n=720$ r/min；斜齿圆柱齿轮法向模数 $m_n=2.5$ mm，齿形角 $\alpha=20°$，螺旋角 $\beta=12°14'19''$；图中齿轮 12 的齿数 $z_{12}=104$，齿轮轴 3 的齿数 $z_3=25$。齿轮 12 的齿宽 $b=76$ mm，中心距 $a=165$ mm，孔径 $D=50$ mm，轴承跨距 $L=135$ mm；齿轮材料为 45 钢，其线胀系数 $\alpha_1=11.5\times10^{-6}K^{-1}$；箱体材料为 HT200，其线胀系数为 $\alpha_2=10.5\times10^{-6}K^{-1}$；稳定工作时，齿轮温度 $t_1=60$ ℃，箱体温度 $t_2=40$ ℃，采用喷油润滑，小批量生产。试确定该齿轮 12 的精度等级、检验项目及公差、有关侧隙的指标，并绘制齿轮工作图。

解

1. 计算齿轮分度圆直径和圆周速度

齿轮 12 的分度圆直径

$$d_{12}=m_n z_{12}/\cos\beta=266.12\ \text{mm}$$

与该齿轮啮合齿轮轴 3 的分度圆直径

$$d_3=m_n z_3/\cos\beta=64\ \text{mm}$$

齿轮 12 的圆周速度为

$$\nu=\frac{\pi d_{12}n}{1000\times60}\times\frac{z_3}{z_{12}}=\frac{3.14\times266\times720}{1000\times60}\times\frac{25}{104}\ \text{m/s}\approx2.4\ \text{m/s}$$

2. 确定齿轮精度等级

一般减速器对运动准确性要求不高，因此通用减速器齿轮的精度等级一般为 6～9 级，再根据圆周速度查教材表 8-10。对于圆周速度低于 8 m/s 的斜齿轮，选公差精度为 8 级。一般减速器对运动准确性要求不高，所以相关精度都选为 8 级。

3. 确定检验项目并查其公差值

按表 8-2 中的主要检验项目计算如下。

(1) 径向跳动公差 F_r。依据分度圆直径、法向模数及精度，查 GB/T 10095.1—2008 附录 B 可得：该齿轮 12 的径向跳动公差 $F_{r12}=0.056$ mm；与该齿轮啮合的齿轮轴 3 的径向跳动公差 $F_{r3}=0.043$ mm。

(2) 齿轮单个齿距极限偏差 f_{pt}。依据分度圆直径、法向模数及精度 8 级，查表可得该齿轮 12 的单个齿距极限偏差 $f_{pt12}=\pm 0.018$ mm；与该齿轮啮合的齿轮轴 3 的单个齿距极限偏差 $f_{pt3}=\pm 0.017$ mm。也可按照 GB/10095.1—2008 计算出齿轮 12 在 5 级精度的单个齿距极限偏差为± 0.0066 mm。乘以 $2^{0.5(Q-5)}$ 就能得到 Q 级精度的计算值，计算结果与查表一致，为 $f_{pt12}=\pm 0.018$ mm。

(3) 齿距累积总偏差 F_p。GB/T 10095.1—2008 中给出了其 5 级精度偏差允许值计算式 $F_p=0.3m_n+1.25\sqrt{d}+7$，计算可得 5 级精度时 $F_p=(0.3\times 2.5+1.25\times\sqrt{266.12}+7)\ \mu\text{m}=28.14\ \mu\text{m}$。乘以 $2^{0.5(Q-5)}$ 就能得到 8 级精度的计算值 $F_{p12}=0.079$ mm。

5 级精度时齿廓总偏差 $F_\alpha=(3.2\sqrt{m_n}+0.22\sqrt{d}+0.7)\ \mu\text{m}=0.0093\ \mu\text{m}$。乘以 $2^{0.5(Q-5)}$ 就能得到 8 级精度的计算值 $F_{\alpha 12}=0.026$ mm。

螺旋线总偏差 F_β，依据分度圆直径、齿宽及精度 8 级，查表可得，齿轮 12 的螺旋线总偏差 $F_{\beta 12}=0.029$ mm；与该齿轮啮合的齿轮轴的螺旋线总偏差 $F_{\beta 3}=0.028$ mm。

4. 确定齿厚上、下偏差

(1) 计算齿轮副所需最小侧隙 j_{nmin}。补偿热变形所需的法向侧隙 j_{n1} 为

$$\begin{aligned}j_{n1}&=a(\alpha_1\cdot\Delta t_1-\alpha_2\cdot\Delta t_2)2\sin\alpha\\&=165\times[11.5\times(60-20)-10.5\times(40-20)]\times 10^{-6}\times 2\sin 20^\circ\ \text{mm}=0.0256\ \text{mm}\end{aligned}$$

查教材表 8-11，根据圆周速度，对于喷油润滑，保证润滑所需的法向侧隙

$$j_{n2}=0.01m_n=0.01\times 2.5\ \text{mm}=0.025\ \text{mm}$$

则最小法向侧隙 j_{nmin} 为

$$j_{nmin}=j_{n1}+j_{n2}=0.0506\ \text{mm}$$

(2) 计算齿厚上偏差。因为齿轮 12 的螺旋线总偏差 $F_{\beta 12}=0.029$ mm，有

$$\begin{aligned}J_n&=\sqrt{(f_{pt12}^2+f_{pt3}^2)\cos^2\alpha+2.221F_{\beta 12}^2}\\&=\sqrt{(0.018^2+0.017^2)\cos^2 20^\circ+2.221\times 0.029^2}\ \text{mm}=0.0438\ \text{mm}\end{aligned}$$

依据齿轮副的中心距 $a=165$ mm 及齿轮精度等级为 8 级，查 GB/T 10095.2—988 附录 B 可得：齿轮副中心距极限偏差 $f_a=0.0315$ mm，并将相配齿轮的齿厚上偏差取为一样，可得齿厚上偏差：

$$\begin{aligned}|E_{sns12}|&=\frac{j_{nmin}+f_a\times 2\sin\alpha_n+J_n}{2\cos\alpha_n}\\&=\frac{0.0506+0.0315\times 2\times\sin 20^\circ+0.0438}{2\times\cos 20^\circ}\ \text{mm}=0.0617\ \text{mm}\end{aligned}$$

(3) 计算齿厚公差及齿厚下偏差。已知该齿轮 12 的径向跳动公差 $F_{r12}=0.056$ mm；由于齿轮精度为 8 级，查表得径向切深公差 $b_{r12}=1.28\text{IT9}$；依据分度圆直径查表得 IT9＝0.087 mm，则该小齿轮径向切深公差 $b_{r12}=0.111$ mm。

得齿轮 12 齿厚公差为

$$T_{sn12}=2\tan\alpha\sqrt{F_{r12}^2+b_{r12}^2}=2\times\tan20^\circ\sqrt{0.056^2+0.111^2}\ \text{mm}=0.0905\ \text{mm}$$

齿轮 12 齿厚下偏差为

$$E_{sni12}=E_{sns12}-T_{sn12}=(-0.0617-0.0905)\ \text{mm}=-0.1522\ \text{mm}$$

5. 轴线平行度偏差

平面内的平行度偏差：　$f_{\Sigma\beta}=0.5\left(\dfrac{L}{b}\right)F_\beta=0.0257$ mm

垂直平面上的平行度偏差：　$f_{\Sigma\delta}=2f_{\Sigma\beta}=0.0515$ mm

6. 绘制齿轮零件图

本齿轮零件图如图 8-1 所示。图样右上角应列出的数据表如表 8-5 所示。表中标明了齿轮的基本参数和精度指标等。

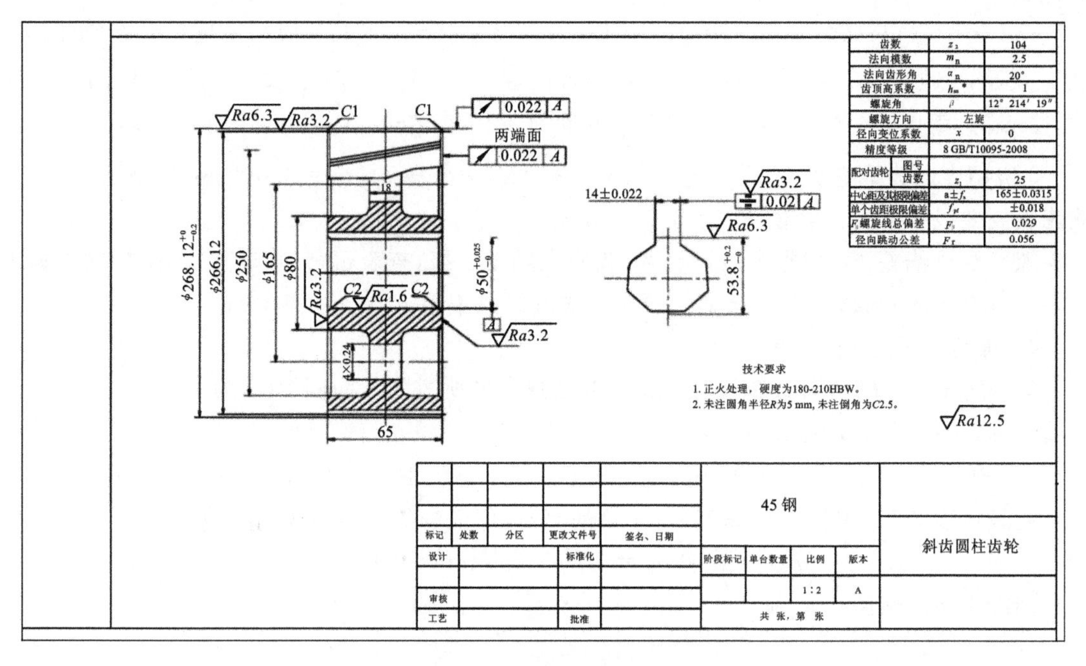

图 8-1　齿轮零件图

表 8-5　齿轮零件图上数据表

齿数	z_{12}	104
法向模数	m_n	2.5
齿形角	α	20°
螺旋角	β	12°14′19″
径向变位系数	x	0
齿顶高系数	h_a^*	1
精度等级	8 GB/T 10095—2008	

续表

配对齿轮	z_3	25
齿轮副中心及其极限偏差	$a \pm f_a$	165±0.0315
径向跳动公差 F_r	F_{r12}	0.056
齿轮单个齿距极限偏差	f_{pt}	±0.018
齿距累积总偏差	F_p	0.079
齿廓总偏差	F_α	0.026
螺旋线总偏差	F_β	0.029

齿轮副参数表

最小法向侧隙	j_{nmin}	0.0506
轴线平行度偏差	$f_{\Sigma\beta}$	0.0257

8.4　习　　题

一、思考题

1. 齿轮接触斑点大小如何确定？
2. 齿坯公差有哪些项目？
3. 齿轮传动的使用要求主要有哪几项？各有什么具体要求？
4. 齿轮基准面、工作及制造安装面有哪些几何公差要求？
5. 在滚齿机上用齿轮滚刀加工直齿圆柱齿轮，主要在哪些方面产生哪些加工误差？
6. 什么是齿轮的切向综合偏差，它是哪几项误差的综合反映？
7. 齿轮加工误差的来源有哪些？
8. 确定齿坯基准轴线有哪几种方法？
9. 齿轮精度设计包括哪些内容？

二、判断题（正确的打“√”，错误的打“×”）

1. 滚齿加工时，运动偏心产生径向误差，几何偏心产生切向误差。　（　）
2. 齿轮传动的振动和噪声是由于齿轮传递运动的不准确性引起的。　（　）
3. 对于精密机床的分度机构、测量仪器的计数机构等齿轮，对传递运动准确性是主要要求，而对载荷分布均匀性的要求不高。　（　）
4. 齿轮的一齿切向综合偏差是评定齿轮传动平稳性的项目，也是评定齿轮副传动平稳性的项目。　（　）
5. 同一齿轮的一齿径向综合偏差一定不大于一齿切向综合偏差。　（　）
6. 齿轮副的接触斑点是以两啮合齿轮中擦亮痕迹面积较大的一齿轮作为齿轮副的检验结果。　（　）
7. 齿轮的精度越高，则齿轮副的侧隙越小。　（　）
8. 影响齿轮传动三个方面性能的齿轮公差项目在生产中必须一一检验。　（　）

三、单项选择题

1. 齿距累积总偏差 F_p 影响（　　）。

A. 运动的准确性　B. 传动的平稳性　C. 载荷分布均匀性　D. 无影响

2. 影响齿轮载荷分布均匀性的公差项目有(　　)。

A. F_i'　B. f_f　C. F_β　D. f_i'

3. 影响齿轮传递运动准确的误差项目有(　　)。

A. F_p和f_i'　B. f_i'和F_β　C. F_β和F_p　D. F_p和F_r

4. 对10级精度以下的圆柱直齿轮的传递运动准确性的使用要求,应采用(　　)来评定。

A. F_r和f_{pt}　B. f_i'和F_β　C. F_β和F_r　D. f_i'和f_{pt}

5. 精密切削机床使用的齿轮的精度等级范围是(　　)。

A. 3～5级　B. 3～7级　C. 4～8级　D. 8级

6. 属于齿轮副的公差项目的有(　　)。

A. F_p和F_i　B. $f_{\Sigma\beta}$和接触斑点　C. 接触斑点和f_f　D. f_f和F_i

7. 国家标准规定径向综合偏差的精度等级为(　　)。

A. 1～12级　B. 4～12级　C. 0～12级　D. 1～13级

四、计算题

已知某减速器中,有一带孔的直齿圆柱齿轮,模数$m=3$ mm,齿数$z=32$,齿形角$\alpha=20°$,齿宽$b=20$ mm,中心距$a=144$ mm,孔径$D=40$ mm,传递的最大功率为5 kW,转速$n=1280$ r/min,齿轮材料为45钢,其线胀系数$\alpha_1=11.5\times10^{-6}K^{-1}$;箱体材料为HT200,其线胀系数为$\alpha_2=10.5\times10^{-6}K^{-1}$;稳定工作时,齿轮温度$t_1=60$ ℃,箱体温度$t_2=40$ ℃。采用喷油润滑,小批量生产,试确定该齿轮的精度等级、检验项目及公差、有关侧隙的指标,并绘制齿轮工作图。

8.5　部分习题答案与选解

二、判断题(打“√”或“×”)

1. ×　2. ×　3. √　4. ×　5. √　6. ×　7. ×　8. ×

三、选择题

1. A　2. C　3. D　4. A　5. B　6. B　7. B

第9章　尺　寸　链

9.1　基本内容与学习要求

本章讨论在零件加工以及装配过程中，各尺寸之间的相互制约关系，即尺寸链的计算。重点讨论长度尺寸链中的直线尺寸链。

本章的主要内容及学习要求：

(1) 掌握尺寸链的基本概念；

(2) 掌握尺寸链图的画法；

(3) 掌握尺寸链的基本尺寸和极限尺寸的计算方法。

本章重点：

尺寸链图的绘制及尺寸链的计算。

本章难点：

找出组成环与封闭环，画出尺寸链图。

9.2　知识要点、重点和难点解读

1. 尺寸链的主要类型

(1) 按应用场合分，尺寸链可分为装配尺寸链、零件尺寸链、工艺尺寸链；

(2) 按各环所在空间位置分，尺寸链可分为直线尺寸链、平面尺寸链、空间尺寸链；

(3) 按几何特征分，尺寸链可分为长度尺寸链，角度尺寸链，空间尺寸链。

重点学习长度尺寸链中的直线尺寸链。

2. 封闭环与组成环

在尺寸链的绘制和计算中，首先必须区分组成环和封闭环。一个尺寸链只有一个封闭环，其余都是影响封闭环的组成环。其次，分析出哪些环是增环，哪些环是减环。

3. 尺寸链的建立与分析

1) 尺寸链的建立

尺寸链的建立步骤如下。

确定封闭环 → 查找组成环 → 画出尺寸链图 → 计算尺寸链

2) 尺寸链的计算方法

完全互换法是尺寸链计算中的最基本的方法，是在不考虑各环实际尺寸的分布情况下，从尺寸链各环的最大和最小极限出发，计算封闭环的基本尺寸、极限尺寸、极限偏差和公差。

完全互换法包括正计算、反计算和中间计算三种方法。正计算和中间计算是直接按公式计算，而反计算是分配各组成环的公差，常采用等公差法或等精度法。反计算的两个关键是：需要留一个组成环作为调整环，采用入体原则确定调整环外的其余组成环的极限偏差。需要注意的是，尺寸链计算完毕后还需要进行校核。

概率法是从保证大数互换着眼,考虑了尺寸链分布的实际可能性的尺寸链计算方法。计算中需要考虑封闭环与各组成环的传递系数问题,传递系数的大小还和组成环的分布形式有关。

与完全互换法的主要不同之处在于,概率法将封闭环作为组成环的函数。按独立随机变量合成规律,利用函数的概念,计算封闭环的极限偏差。

9.3 例题剖析

例 9-1 有一孔、轴配合,装配前轴和孔均需要镀铬,铬层厚度均为(10±2) μm,镀铬后应满足 ϕ30H7/f7 的配合要求。问轴和孔在镀铬前的尺寸应是多少。

解 (1) 轴镀铬后尺寸要求为 $\phi 30\text{f7}(^{-0.02}_{-0.041})$,设镀铬前尺寸 d,镀层厚度 A_2 为(10±2) μm。考虑到轴的圆周特点,绘制尺寸链图如图 9-1(a)所示。

封闭环的公称尺寸: $A_0 = A_1 + A_2$

其中,封闭环(镀铬后尺寸)$A_0 = 15^{-0.01}_{-0.0205}$ mm,增环(镀层厚度)$A_2 = 0^{+0.012}_{+0.008}$ mm,因此需要确定的是组成环 A_1(镀铬前尺寸,$A_1 = d/2$)的极限偏差,属于中间计算问题。

$$A_1 = A_0 - A_2 = 15 \text{ mm}$$

$$ES_1 = ES_0 - ES_2 = (-0.010 - 0.012) \text{ mm} = -0.022 \text{ mm}$$

$$EI_1 = EI_0 - EI_2 = (-0.0205 - 0.008) \text{ mm} = -0.0285 \text{ mm}$$

$$A_1 = 15^{-0.022}_{-0.0285} \text{ mm}$$

所以,轴镀铬前加工直径:$d = 2A_1 = 30^{-0.044}_{-0.057}$ mm

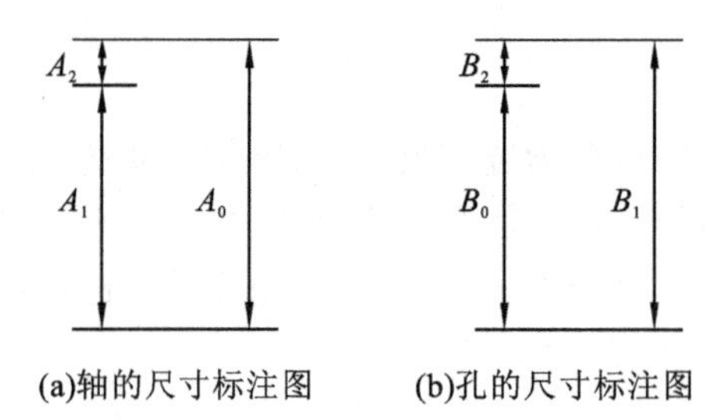

图 9-1 轴与孔的尺寸标注图

(2) 孔镀铬后尺寸 $\phi 30\text{H7}(^{+0.021}_{0})$ mm,设镀铬前尺寸 D,镀层厚度 10±2 μm。

考虑到孔的圆周特点,绘制尺寸链图如图 9-1(b)所示。

封闭环的公称尺寸: $B_0 = B_1 - B_2$

其中,封闭环(镀铬后尺寸)为 $B_0 = 15^{+0.0105}_{0}$ mm,减环(镀层厚度)为 $B_2 = 0^{+0.012}_{+0.008}$ mm,镀铬前尺寸是增环,为 $B_1 = D/2$,因此,需要确定的是 B_1 的极限偏差,属于中间计算问题。

$$B_1 = B_0 + B_2 = 15 \text{ mm}$$

$$ES_1 = ES_0 + EI_2 = (0.0105 + 0.008) \text{ mm} = 0.0185 \text{ mm}$$

$$EI_1 = EI_0 + ES_2 = (0 + 0.012) \text{ mm} = 0.012 \text{ mm}$$

$$B_1 = 15^{+0.0185}_{+0.012} \text{ mm}$$

所以,孔镀铬前加工直径:$D = 30^{+0.037}_{+0.024}$ mm。

例 9-2 某套筒零件的尺寸标注如图 9-2(a)所示,试计算其壁厚尺寸及其极限偏差。已知加工顺序为:先车外圆至 $\phi 30_{-0.04}^{\ 0}$ mm,其次加工内孔至 $\phi 20^{+0.06}_{0}$ mm,内孔对外圆的同轴度

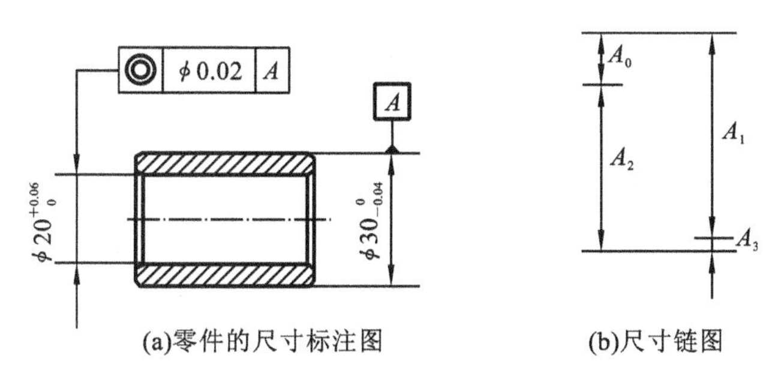

图 9-2 套筒的尺寸标注图与尺寸链图

公差为 ϕ0.02 mm。

解 建立尺寸链图如图 9-2(b)所示，其中，外圆柱半径为增环，$A_1=15_{-0.02}^{\ 0}$ mm；同轴度为增环 $A_3=0_{-0.01}^{+0.01}$ mm；内孔半径为减环 $A_2=10_{\ 0}^{+0.03}$ mm。

$$A_0=A_1+A_3-A_2=(15+0-10)\ \text{mm}=5\ \text{mm}$$

$$\text{ES}_0=\text{ES}_1+\text{ES}_3-\text{EI}_2=+0.01\ \text{mm}$$

$$\text{EI}_0=\text{EI}_1+\text{EI}_3-\text{ES}_2=(-0.02+(-0.01)-0.03)\ \text{mm}=-0.06\ \text{mm}$$

所以，壁厚为 $A_0=5_{-0.06}^{+0.01}$ mm

如果将同轴度作为减环，$A_0=A_1-A_3-A_2$，将会发现壁厚计算的结果也是一样的。这是因为同轴度公差带是以基准为轴线的圆柱面内区域，相当于公称尺寸为 0，上、下极限偏差数值相等而符号相反(因此，这里将其理解为 $A_3=0_{-0.01}^{+0.01}$ mm)，因此作为增环和减环，其极限偏差还是一样，也不影响封闭环的公称尺寸。

推而广之，只要是公差带相对于基准对称或公差带为圆柱面内(圆内)区域(如对称度、轮廓度、任意方向的直线度、平行度等)的几何公差，或公称尺寸为 0、极限偏差的绝对值相等而符号相反的尺寸，作为减环或增环处理不影响其他组成环或封闭环的计算结果。

例 9-3 如图 1-2 所示减速箱输出轴。在 ϕ50 的轴上加工键槽的工序为：先精车轴至 ϕ50r7，然后铣削加工键槽，得到尺寸 X，然后精磨轴至 ϕ50r6，以保证轴的表面质量和键槽尺寸 $45_{-0.2}^{\ 0}$，求工序尺寸 X 及其极限尺寸。

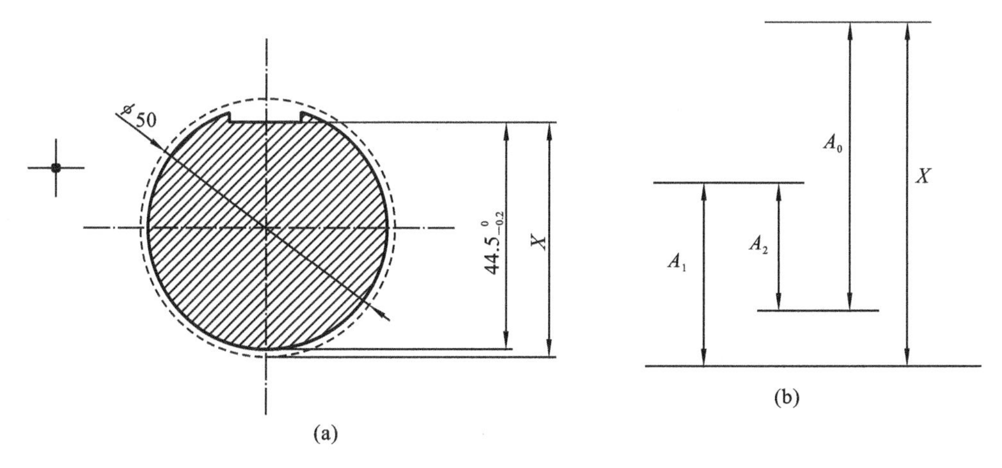

图 9-3 键槽加工尺寸链图

解 加工最后形成的尺寸为封闭环，即 $A_0=44.5_{-0.2}^{\ 0}$，取半径组成尺寸链，如图 9-3(b)所示，因此，$A_0=A_2+X-A_1$。

其中，A_1为减环，A_2、X为增环，此时$A_1=25_{0.017}^{0.0295}$ mm，$A_2=25_{0.017}^{0.025}$ mm。需要确定的是尺寸X，因此也属于中间计算问题。

$$X=A_0+A_1-A_2=44.5\ \text{mm}$$

由封闭环的上极限偏差$ES_0=ES_2+ES_X-EI_1$，得

$$ES_X=ES_0+EI_1-ES_2=(0+0.0295-0.025)\ \text{mm}=0.0045\ \text{mm}$$

由封闭环的下极限偏差$EI_0=EI_2+EI_X-ES_1$，得

$$EI_X=EI_0+ES_1-EI_2=(-0.2+0.0295-0.017)\ \text{mm}=-0.008\ \text{mm}$$

所以工序尺寸X为$44.5_{-0.008}^{+0.0045}$ mm。

9.4 习　　题

一、思考题

1. 什么是尺寸链？它有哪几种形式？
2. 尺寸链的两个基本特征是什么？
3. 如何确定一个尺寸链的封闭环？如何判别某一组成环是增环还是减环？
4. 为什么封闭环公差比任何一个组成环公差都大？设计时应遵循什么原则？
5. 完全互换法解尺寸链考虑问题的出发点是什么？

二、判断题(正确的打“√”，错误的打“×”)

1. 尺寸链是指在机器装配或零件加工过程中，由相互连接的尺寸形成封闭的尺寸组。（　　）
2. 当组成尺寸链的尺寸较多时，一个尺寸链中封闭环可以有两个或两个以上。（　　）
3. 在装配尺寸链中，封闭环是在装配过程中形成的一环。（　　）
4. 在工艺尺寸链中，封闭环按加工顺序确定，加工顺序改变，封闭环也随之改变。（　　）
5. 封闭环常常是结构功能确定的装配精度或技术要求，如装配间隙、位置精度等。（　　）
6. 尺寸链中，增环尺寸增大，其他组成环尺寸不变，则封闭环尺寸增大。（　　）
7. 封闭环的公差值一定大于任何一个组成环的公差值。（　　）
8. 尺寸链封闭环公差值确定后，组成环越多，每一环分配的公差值就越大。（　　）
9. 当所有增环为上极限尺寸时，封闭环获得下极限尺寸。（　　）
10. 用完全互换法解尺寸链能保证零部件的完全互换性。（　　）

三、填空题

1. 尺寸链计算的目的主要是进行________计算和________计算。
2. 尺寸链减环的含义是________。
3. 当所有的增环都是上极限尺寸而所有的减环都是下极限尺寸时，封闭环必为________。
4. 尺寸链中，所有增环下极限偏差之和与所有减环上极限偏差之差，即为封闭环的________。
5. 尺寸链封闭环的公差等于________。
6. 零件尺寸链中的封闭环根据________确定。

7. 尺寸链计算中进行公差校核计算主要是验证________。

8. 入体原则的含义为：当组成环为轴时，取________偏差为零。

四、计算题

1. 某厂加工一批曲轴部件，经试运转，发现有的曲轴肩与轴承衬套端面有划痕现象。如图 9-4 所示尺寸链图，按设计要求 $A_0=0.1\sim0.2$ mm，而 $A_1=150^{+0.018}_{0}$ mm，$A_2=A_3=75^{-0.02}_{-0.08}$ mm，试验算给定尺寸的极限偏差是否合理。

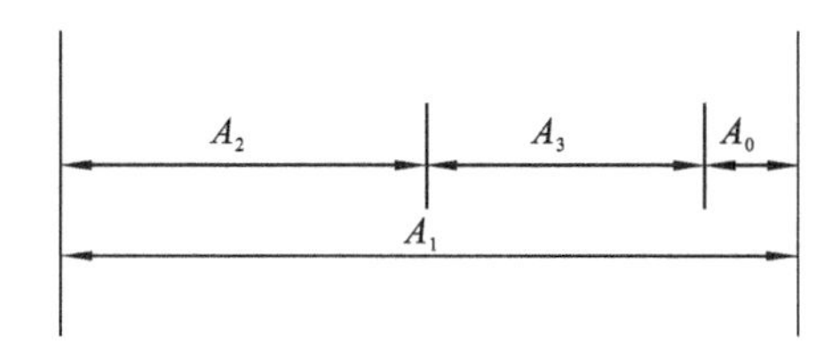

图 9-4 曲轴尺寸链图

2. 如图 9-5 所示零件，$A_1=30^{\ 0}_{-0.052}$ mm，$A_2=16^{\ 0}_{-0.043}$ mm，$A_3=14^{+0.021}_{-0.021}$ mm，$A_4=6^{+0.048}_{0}$ mm，$A_5=24^{\ 0}_{-0.084}$ mm，试分析图(a)、(b)、(c)三种尺寸标注中，哪种尺寸标注法可使 N 变动范围最小。

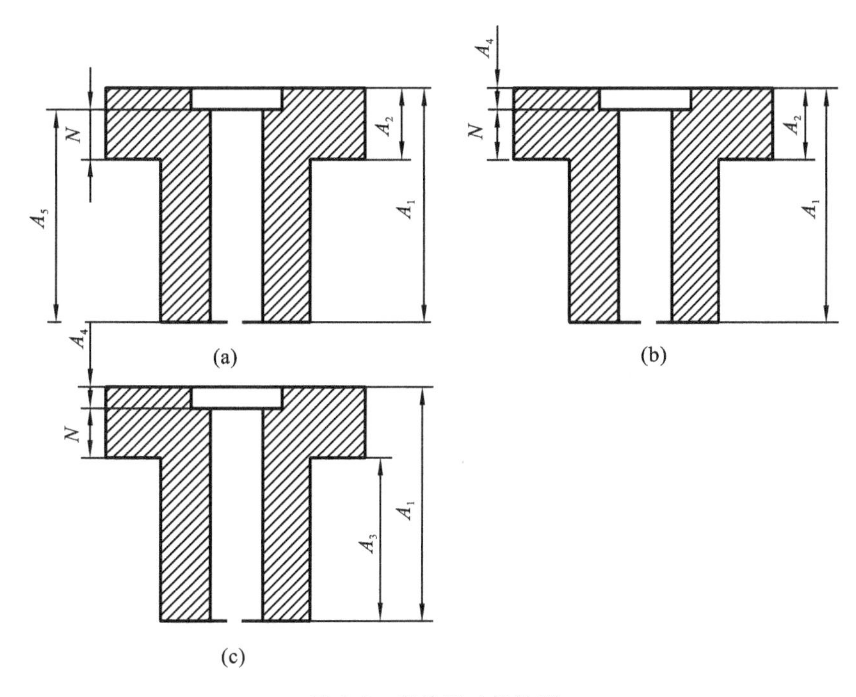

图 9-5 零件尺寸标注图

9.5 习题答案及选解

二、判断题

1. √ 2. × 3. × 4. √ 5. √ 6. √ 7. √ 8. × 9. × 10. √

三、填空题

1. 各环的尺寸公差，极限偏差

2. 减环的变动引起封闭环反向变动

3. 上极限尺寸

4. 下极限偏差

5. 所有组成环的公差之和

6. 公差等级最低的环

7. 尺寸链计算是否正确

8. 上极限

四、计算题

1. 解：由 $A_0 = A_1 - A_2 - A_3$，可以计算出 A_0 的极限偏差，$EI_0 = 0.04$ mm，$ES_0 = 0.178$ mm，与封闭环的要求相差较远，因此不符合要求。

另外，由 $T_1 + T_2 + T_3 = (0.018 + 0.06 + 0.06)$ mm $= 0.138$ mm $> T_0 = 0.1$ mm，也差别较大，因此不符合要求。

2. 解：图(a)：$N = A_2 + A_5 - A_1$，N 的偏差变化范围为 $-0.127 \sim 0.052$ mm，公差为 0.179 mm；

图(b)：$N = A_2 - A_4$，N 的偏差变化范围为 $-0.091 \sim 0$ mm，公差为 0.091 mm；

图(c)：$N = A_3 + A_4 - A_1$，N 的偏差变化范围为 $-0.121 \sim 0.021$ mm，公差为 0.142 mm。

因此，在这三种标注方式中，图(b)的标注使 N 的变化范围最小。

第 10 章　互换性与技术测量实验指导

10.1　尺 寸 测 量

实验 1　用立式光学比较仪测量轴径

一、实验目的与要求

(1) 了解立式光学比较仪的测量原理；
(2) 掌握立式光学比较仪的调节和使用方法；
(3) 掌握量块的尺寸组合及使用方法；
(4) 掌握测量数据的处理方法，并根据公差要求判断零件的合格性。

二、实验仪器原理

立式光学比较仪是一种精度较高、结构简单的常用光学计量仪器，常用于测量精密的轴类零件，也可用于检定五等量块。它采用比较法以量块作为长度基准来测量各种工件的外尺寸，故称为光学比较仪，通常也称为立式光学仪。

图 10-1 是 LG-1 型立式光学比较仪的外形及结构示意图，它主要由底座、工作台、立柱、悬臂、直角光管等部分组成。

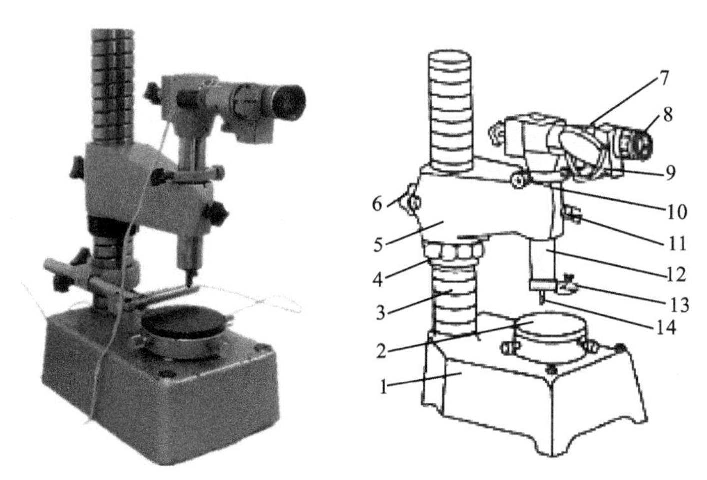

图 10-1　LG-1 型立式光学比较仪

1—底座；2—工作台；3—立柱；4—粗调螺母；5—悬臂；6—悬臂锁紧螺钉；7—平面镜；
8—目镜；9—零位细调旋钮；10—微调旋钮；11—光管锁紧螺钉；12—直角光管；13—测头提升杆；14—测头

立式光学比较仪是利用光学杠杆的放大原理进行测量的仪器，其测量光学原理图如图 10-2 所示。照明光线经反射镜 1 和直角棱镜照亮分划板 8 左半部的刻度尺(共 200 格，分度值为 1 μm)，再经直角棱镜 2、物镜 3，照射到反射镜 4 上。由于分划板 8 位于物镜 3 的焦平面上，故经刻度尺上发出的光线经物镜 3 后成为平行光束。若反射镜 4 与物镜 3 之间相互平行，则反射光线折回到焦平面上，并在分划板 8 的右半部形成的刻度尺像与刻度尺对称，如图 10-2(c)所示。若被测尺寸变动使测杆 5 推动反射镜 4 绕支点转动某一角度 α，如图 10-2(a)所示，则反射光线相对于入射光线偏转 2α 角度，从而使刻度尺像产生位移 t，如图 10-2(c)所示，它表示被测尺寸的变动量。

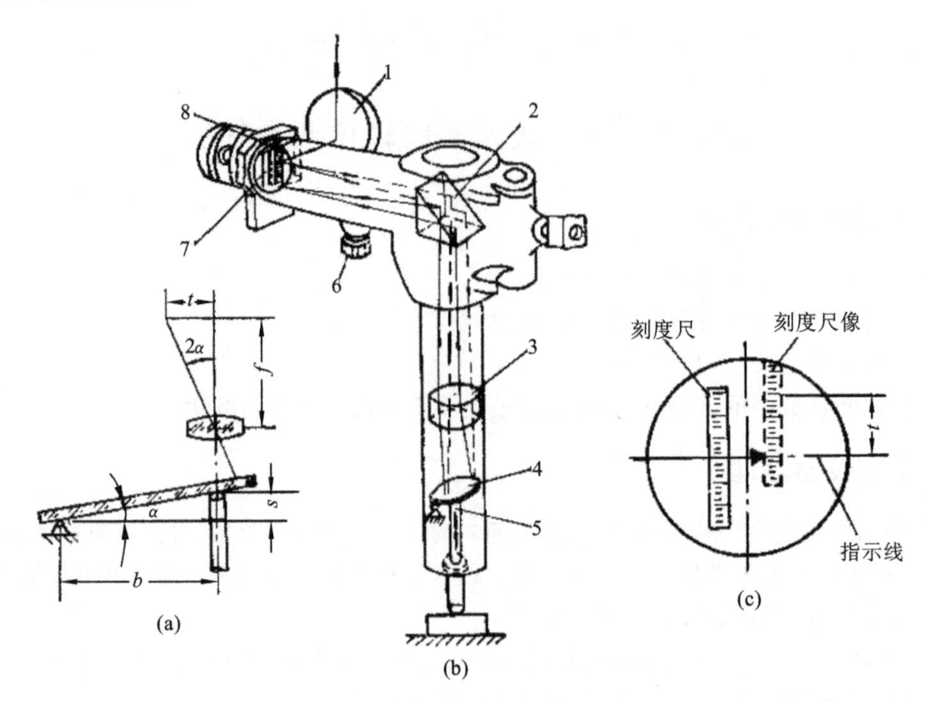

图 10-2　立式光学比较仪的测量光学原理

1—反射镜；2—直角棱镜；3—物镜；4—反射镜；5—测杆；6—零位微调螺钉；7—刻度尺；8—分划板

物镜 3 至刻度尺间的距离为物镜焦距 f，设 b 为测杆中心至反射镜支点间的距离，s 为测杆 5 移动的距离(即被测尺寸变动量)，则仪器的放大比 k 为

$$k=\frac{t}{s}=\frac{f\tan 2\alpha}{b\tan\alpha} \tag{10-1}$$

当 α 很小时，$\tan\alpha\approx\alpha$，$\tan 2\alpha\approx 2\alpha$，所以

$$k=\frac{2f}{b} \tag{10-2}$$

立式光学比较仪的目镜放大倍数为 12，$f=200$ mm，$b=5$ mm，故仪器的总放大倍数 n 为

$$n=12k=12\times\frac{2f}{b}=12\times\frac{2\times 200}{5}=960 \tag{10-3}$$

由此可以说明，当测杆移动 0.001 mm 时，在目镜中可以见到 0.96 mm 的位移量。

三、实验步骤

1. 测头的选择

测头有球形、平面形和刀口形三种，应根据被测零件表面的几何形状来选择，使测头与被测表面尽量满足点接触。所以，测量平面或圆柱面工件时应选用球形测头。测量球面工件时应选用平面测头。测量小于 10 mm 的圆柱面工件时应选用刀口测头。

2. 量块的组合

量块是传递长度单位的计量标准，应根据被测零件的公称尺寸选择和组合量块，首先应选用能够去除最小位数的尺寸的量块，由低位到高位依次选择，这样才能保证组合量块的数目最少，一般不超过 4～5 块，以免带来过多的累积误差。选好的量块用脱脂棉浸汽油清洗，再经干的脱脂棉擦净后沿测量表面研合在一起，并置于仪器工作台上。

3. 工作台调整

使用仪器测量时以工作台 2 的表面作为基准面，因此要求工作台表面必须与测头 14 的移动方向垂直，可用工作台圆周的 4 个调整螺钉来进行调整，参见图 10-1。

4. 仪器零位调整

(1) 将组合量块的下测量面置于工作台 2 的中央(见图 10-1)，并使测头 14 对准上测量面的中央；

(2) 松开悬臂锁紧螺钉 6，旋转粗调螺母 4，使悬臂 5 缓慢下降，直到测头与量块的上测量面轻微接触，并能在目镜中看到刻度尺像时将悬臂锁紧螺钉 6 锁紧；

(3) 松开左侧紧固螺钉，转动零位细调旋钮 9，直至在目镜中观察到刻度尺像的 0 线与 μ 指示线接近为止，如图 10-3(a)所示，一般不超过 10 μm，然后拧紧左侧紧固螺钉；

(4) 微调：转动微调旋钮 10，使刻度尺像的 0 线准确对齐 μ 指示线，见图 10-3(b)，然后反复提、按测头提升杆 2～3 次，要求零位示值稳定；

(5) 将测头抬起，取下量块。

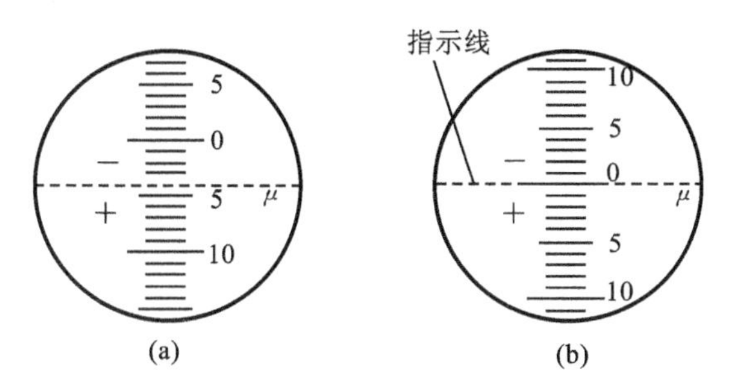

图 10-3　立式光学比较仪的标尺

5. 轴径测量

将擦净的工件置于仪器工作台上(必须与工作台平面始终保持平行接触)，将工件被测部位靠近测量头，并使其从测量头下慢慢滚过(如有必要可来回几次)，同时注意从目镜中读取标尺最大值(即标尺转折点的读数)，此读数即为被测尺寸相对组合量块尺寸的偏差。读数时应注意正负号。对被测工件同一截面的直径进行 10 次测量，并将结果记录下来。测量结束后取下工件，用量块组重新复查仪器的零位，其误差不得超过 0.5 μm，否则重新测量。

6. 数据处理

按教材 3.7 节中所述方法进行数据处理，并根据公差要求判断零件的合格性。

四、思考题

(1) 绝对测量和相对测量有何不同？用立式光学比较仪测量属于哪一种测量方式？

(2) 仪器的测量范围与刻度尺的示值范围有何不同？

实验 2　用卧式测长仪测量孔径

一、实验目的与要求

(1) 了解卧式测长仪的结构和工作原理；

(2) 掌握用卧式测长仪测量孔径的方法。

二、仪器的基本原理

卧式测长仪是以精密刻度尺为基准，并利用螺旋线式读数装置进行细分读数的精密长度测量仪器，可测量具有平行平面、球形及圆柱形表面零件的外形尺寸，如果利用其带有的多种专用附件，就可测量具有平行平面的零件的内尺寸、内孔直径和内外螺纹的中径等，即既可进行绝对测量，又可进行相对测量，故常称为万能测长仪。

卧式测长仪的结构如图 10-4 所示，其工作台 5 可以升降，前后移动，在水平和垂直方向摆动，以及沿测量轴线方向自由浮动，因而测量时可利用工作台的相对运动将工件调整到正确的测量位置。

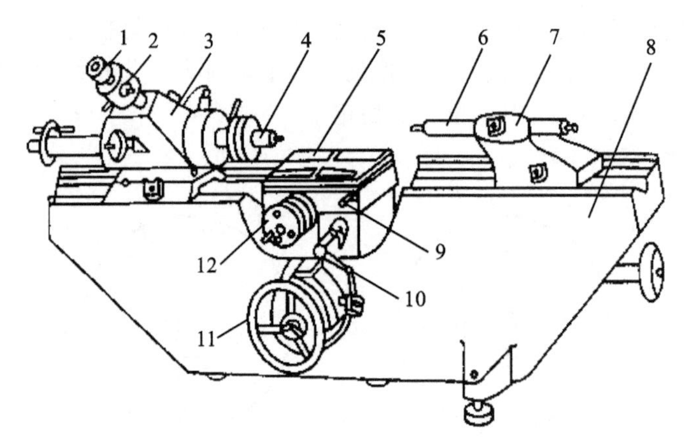

图 10-4　卧式测长仪结构图

1—读数目镜；2—读数调节手轮；3—测量座；4—测量轴；5—工作台；6—后座测量轴；7—后座；8—底座；9—工作台水平回转手柄；10—工作台垂直摆动手柄；11—工作台升降手柄；12—工作台横向移动手柄

卧式测长仪是按阿贝原理设计的，即被测尺寸线在精密毫米刻度尺轴线的延长线上。测量轴上固定有一个精密的毫米刻度尺 6，见图 10-5(a)，测量轴随被测尺寸的大小在精密轴承座内作纵向移动。用于绝对测量时，先使仪器头座和尾座的两测头接触，在读数目镜 1 中记下读数；再将工件放入两测头之间，记下第二次读数，两次读数之差即为测量轴在纵向轴线上移动的距离，也就是所测工件的尺寸。用于相对测量时，将工件与基准件(如量块)进行比较，从刻度尺上读出工件与基准件的偏差，再计算出工件的尺寸。

读数目镜的光学原理如图 10-5(a)所示，在目镜 1 中可以观察到毫米数值，为满足精密测量的要求还需细分读数。读数目镜中有一固定分划板 4，其上刻有 10 个相等的刻度间距，毫米刻度尺的一个间距成像在它上面时恰与这 10 个间距总长相等，故其分度值为 0.1 mm。另外还有一块通过手轮 3 可以旋转的平面螺旋线分划板 2，其上刻有 10 圈平面螺旋双刻线，螺旋双刻线的螺距恰与固定分划板 4 上的刻度间距相等，其分度值也为 0.1 mm。在分划板 2 的中央，有一圈等分为 100 格的圆周刻度尺，当螺旋线上的某一点沿径向移动 0.1 mm 时，圆周刻度尺恰好转过 100 格(即一圈)，所以其分度值为 1×(0.1/100) mm=0.001 mm，这样就可达到细分读数的目的。从读数目镜中观察，可同时看到三种刻线，见图 10-5(b)。读数时先读毫米数(图示为 7 mm)，然后按毫米刻线在固定分划板 4 上的位置读出小数点后第一位，因刻线正好落在 4 和 5 之间，故读 0.4 mm，小数点的百分位和千分位将从圆刻度尺上读出。转动手轮 3，使靠近零点几毫米刻度值的一圈螺旋双刻线对称地夹住毫米刻线，再从指示箭头对准的圆刻度尺上读出微米数，图中为 0.051 mm，所以最终读数为 7.451 mm。

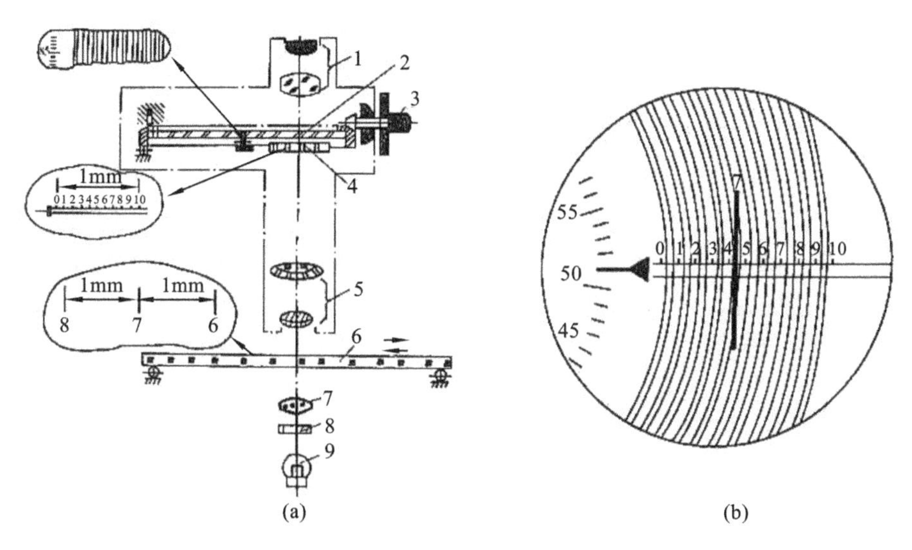

图 10-5　卧式测长仪的测量读数原理

1—目镜；2—可转动分划板；3—手轮；4—固定分划板；5—物镜；
6—毫米刻度尺；7—聚光镜；8—滤色片；9—光源

三、实验方法和步骤

在圆柱体的测量中，无论是外圆柱面或是内孔，都必须使测量轴线穿过该圆柱面的中心，并垂直于圆柱体的轴线。为了满足这一条件，在将被测件固定于工作台上后，就要利用万能测长仪工作台的各个可能的运动条件，通过寻找“读数转折点”，将工件调整到符合阿贝原理的正确位置上。

内径测量示意图如图 10-6 所示，具体步骤如下。

(1) 转动升降手轮 11，使工作台下降到较低的位置。然后在工作台上安装好标准环规或装有量块组的量块夹子。

(2) 将一对测钩分别装在测量轴和尾座轴上。测钩方向垂直向下，沿轴向移动测量轴和尾座轴，使两测钩头部的楔槽对齐，然后旋紧测钩上的螺钉，将测钩固定。

(3) 上升工作台，使两测钩深入标准环规内孔或量块组的两侧块之间，并大致处于居中位置，再将工作台升降锁紧螺钉旋紧。

(4) 移动后座测轴 6，同时调节工作台横向移动手柄 12，使测钩的内测头在标准环规端面上刻有标线的直线方向或量块组的侧块上接触，然后锁紧后座测轴，并用手扶稳测量轴 4，挂上重锤，使测量轴上的测钩内测头缓慢地与标准环规或量块组的测量面接触。

(5) 找准仪器对零的正确位置。如标准件为环规，则需转动工作台横向移动手柄 12，并观

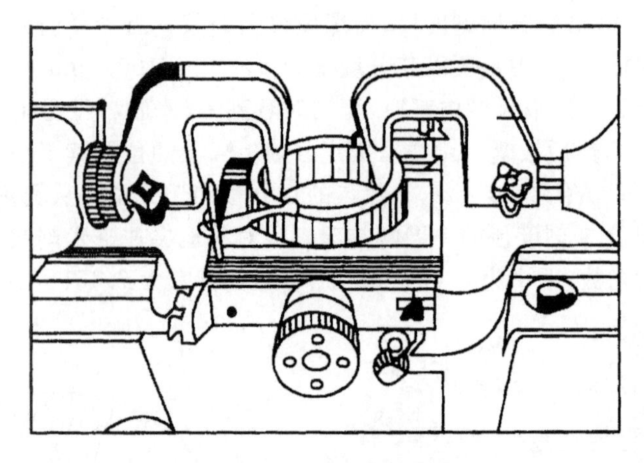

图 10-6　内径测量示意图

察读数目镜中示值的变化,找准转折点的位置,见图 10-7(a)中的最大值,在此位置上,再转动工作台垂直摆动手柄 10,找到转折点,见图 10-7(b)中的最小值,此处即为直径的正确位置;然后将各方向的手柄锁紧,并从读数目镜中读出零位的数值。如标准件为量块组,则需转动工作台垂直摆动手柄 10,找准转折点(最小值),再转动工作台水平回转手柄 9,找准转折点(最小值),此处即为正确的对零位置。然后将各方向的手柄锁紧,并从读数目镜中读出零位的数值。

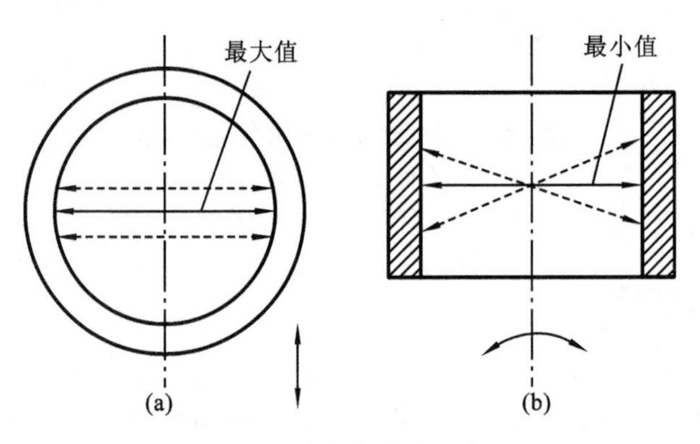

图 10-7　转折点寻找示意图

(6) 用手扶稳测量轴 4,使测量轴右移一定距离(注意保证后座测轴的位置不动),取下标准环规或量块组,然后安装好被测工件,按前述方法调整工作台,使测量轴线通过被测工件的曲面中心,并与圆柱体的轴线垂直,从读数目镜中读出被测尺寸与标准环规或量块组之间的偏差值。

(7) 沿被测孔内径的轴线方向测三个截面,每个截面在相互垂直的两个方向上各测一次,根据测量结果和被测内径的公差要求,判断该内径是否合格。

四、思考题

(1) 为什么说万能测长仪符合阿贝原理?能否用于绝对测量?

(2) 万能测长仪工作台有哪几种运动方式?寻找尺寸转折点的目的是什么?

10.2　几何误差测量

实验 3　用合像水平仪测量直线度

一、实验目的与要求

(1) 了解合像水平仪的原理、结构和使用方法；

(2) 掌握用合像水平仪测量直线度误差的方法；

(3) 掌握直线度误差的计算及评定方法。

二、仪器原理及测量方法

对于狭长平面的机床导轨，常用直线度来限制其表面的形状误差，通常在给定平面(铅垂面、水平面)内进行检测。

导轨直线度测量通常采用节距法(见图 10-8)。即将被测导轨长度等分成若干段，每段长 L，并将桥板(见图 10-9)的跨距(轴距)也调整为 L，将桥板沿纵向放置在基本水平的导轨面的起始端，桥板上沿导轨方向放置合像水平仪 2，且水平仪在桥板上的位置相对固定。由合像水平仪可以测出桥板平面与水平方向的夹角，由于跨距 L 已知，所以可以计算出桥板两端相距 L 距离的两端点的高度差，从导轨起点依次测量相距 L 两点的高度差(每次使桥板沿导轨长度方向移动 L 距离，前一段的终点即为后一段的起点，距离尽量准确)，直到导轨的终点。由此可以得到整个导轨长度上每隔 L 段上各点的相对高度差，据此通过作图法或计算法可以求出所测导轨的直线度误差。

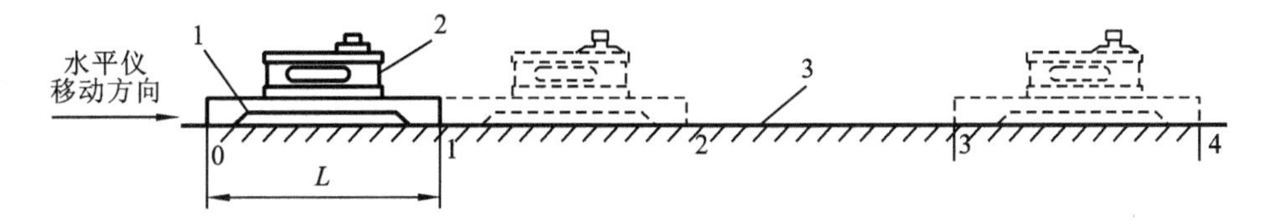

图 10-8　节距法测量原理图

1—桥板；2—合像水平仪；3—水平方向导轨面

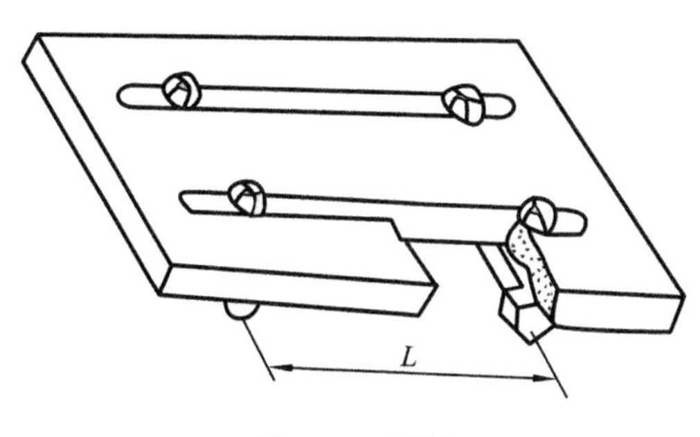

图 10-9　桥板

合像水平仪是以水平面为基准测量微小角度变化的仪器，它具有测量精度高、使用简便、价格便宜、携带方便等优点，因而在检测工作中得到广泛应用。

合像水平仪的结构和读数原理如图 10-10 所示。它由底座 1 和壳体 4 组成外壳机体，内部由杠杆 2、支点 3 和支架 5 组成水准管 8 的悬挂支撑，水准管 8 是一个上部内壁在长度方向具有一定弧度，内部充有低冰点乙醚或乙醇，上部留有一长气泡的封闭玻璃管，转动微分筒 9（其上沿圆周方向有 100 格）可通过测微螺杆 10 带动水准管 8 围绕支点 3 摆动。无论水准管是否倾斜，其中气泡的液面始终垂直于重力方向，因而可以作为测量的基准。

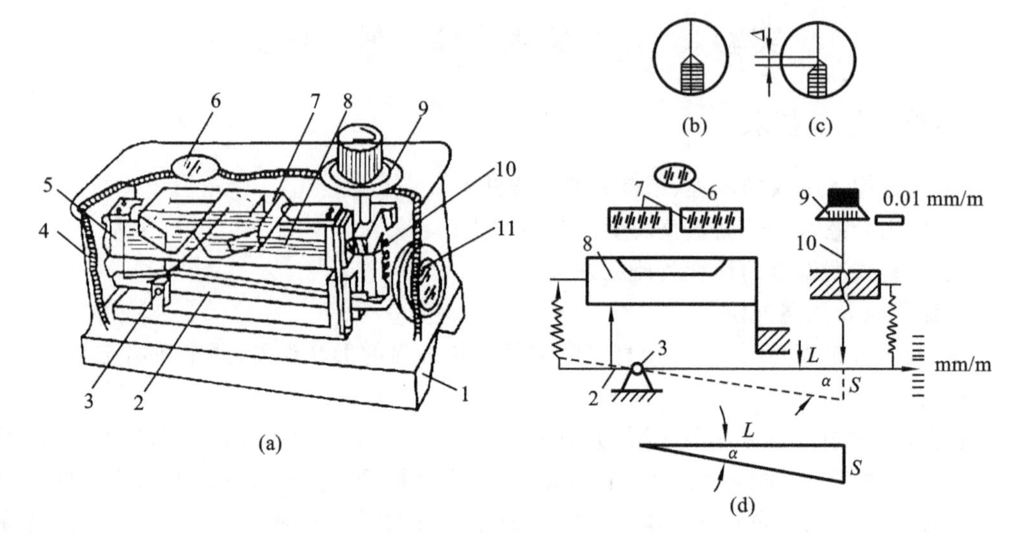

图 10-10　合像水平仪结构和读数原理

1—底座；2—杠杆；3—支点；4—壳体；5—支架；6—放大镜；
7—棱镜组；8—水准管；9—微分筒；10—测微螺杆；11—放大镜

测量时将合像水平仪放在桥板上固定，桥板再放在被测表面上（见图 10-8），若被测表面与水平方向没有误差（绝对水平），且水准管 8 与底座 1 以及桥板与被测表面之间也没有平行度误差，则此时水准管中的气泡应该位于正中间，气泡两端经棱镜组 7 反射的两半影像从放大镜 6 中观察，如图 10-10(b)所示（即为合像），此时微分筒 9 的读数为零，从放大镜 11 观察到的是上下标尺的正中间读数（即零位）。若被测导轨面沿长度方向倾斜（大多数情况），则水准管中的气泡必然偏离正中，从放大镜 6 中观察两半影像存在如图 10-10(c)所示的高度差（未合像），此时通过调整微分筒 9 使放大镜 6 中的两半影像合像，然后记下微分筒 9 及从放大镜 11 观察到的各自相对于零位的读数差，从放大镜 11 观察到的是测微螺杆 10 旋转的圈数，从微分筒 9 观察到的则是测微螺杆 10 旋转一圈（100 格）的细分读数。若测微螺杆的螺距为 1 mm，则其分度值为 0.01 mm/m，表示相距 1 m 远的两点的高度差为 0.01 (mm)，相当于两点连线与水平面的夹角为 2″。若微分筒 9 的读数为 α（格），桥板跨距为 L (mm)，合像水平仪分度值为 $i=0.01$ mm/m，则相距 L 两点的高度差 h 为

$$h = 0.01\alpha \cdot L\ (\mu\text{m}) \tag{10-4}$$

四、测量步骤

(1) 将被测导轨面及合像水平仪底面擦干净，将水平仪先后放置在被测导轨的两端，调节导轨垫铁使其大致位于水平状态。

(2) 按需要将被测导轨长度等分成若干段，每段长度 L 称为节距，并在导轨上做好标记，同时桥板的跨距也调整为 L。

(3) 按图 10-8 所示将仪器置于第一段节距位置，转动水平仪的微分筒 9，使从放大镜 6 中观察到的气泡合像，此时记下放大镜 11 的读数（百位值）和微分筒 9 的读数（十位值和个位

值);再依次测量各节距,记下各自读数值。移动桥板时应将前一个节距的后支点作为后一个节距的前支点。

(4) 顺测(从起点到终点)、回测(从终点到起点)各一次,取两次测量的平均值作为该测点的测量数据。回测时桥板和水平仪方向均保持不变,若某测点两次测量的读数相差较大,则说明测量结果不正确,应找出并消除引起误差的原因后重新测量。

(5) 将各测量点的读数记录在表10-1中,并计算出各相邻点的相对格数差值,各点相对于起点的累积格数差值。

(6) 用作图法在坐标纸上绘出误差折线,用最小包容区域法或两端点连线法求出导轨的直线度误差。

五、数据处理方法

例如:用分度值0.01 mm/m的合像水平仪测量一个长度为500 mm的导轨的直线度,选用桥板的跨距$L=100$ mm,测量记录数据如表10-1所示。要求用作图法求被测导轨面的直线度误差。由于表中各点读数值较大,若采用各点读数的累加值作为y坐标,则势必要加大坐标比例,使误差分辨率降低。所以通常是将各读数值与第一段的读数值或它们的均值之差,作为表中的相对值$\alpha_0-\alpha_i$。本例中,$\alpha_0=497$格,累积值是将各点相对值顺序累加得到的。

表10-1 直线度测量记录

测点序号	0	1	2	3	4	5
顺测读数(格)	/	498	497	498	496	501
回测读数(格)	/	496	493	494	494	497
平均值α_i(格)	/	497	495	496	495	499
相对值$\alpha_0-\alpha_i$(格)	0	0	+2	+1	+2	+2
累积值(格)	0	0	+2	+3	+5	+3

作图方法如下:以0点为原点,累积值(格数)为纵坐标y,各被测点到0点的距离为横坐标x,按适当比例建立直角坐标系,根据各测点对应的累积值在坐标系上描点,将各点依次用直线连接起来,即得误差折线,如图10-11所示。再按教材4.2.2节所述的最小包容区域法和用两端点连线法评定误差值。

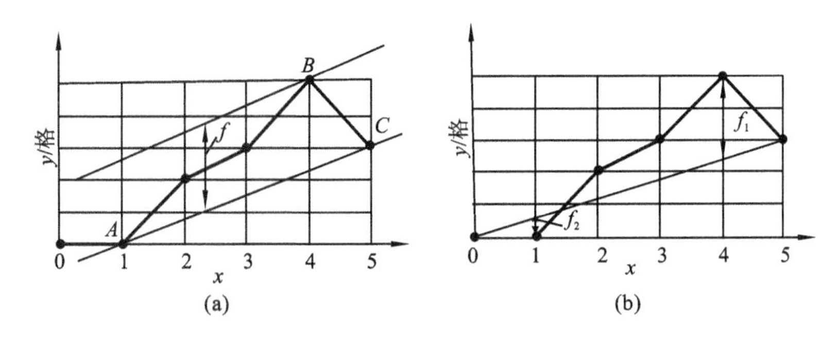

图10-11 直线度误差的评定方法

六、思考题

(1) 用合像水平仪测量导轨的直线度时,有哪些因素可能导致测量误差?

(2) 评定直线度误差的方法有哪几种？有何不同？

实验 4　用偏摆仪测量曲轴几何误差

一、实验目的与要求

(1) 了解所用几何量测量仪器的原理和使用方法；

(2) 理解所测几何误差的定义，掌握曲轴几何误差的具体测量方法。

二、检测项目

本实验测量的零件是曲轴，如图 10-12 所示。通常检验其中的三项几何误差：(1) 主轴轴颈外圆表面①相对于主轴轴线 $A—B$ 的径向全跳动；(2) 轴颈②的中心线相对于主轴轴线 $A—B$ 的平行度误差；(3) 端面③相对于主轴轴线 $A—B$ 的端面圆跳动。

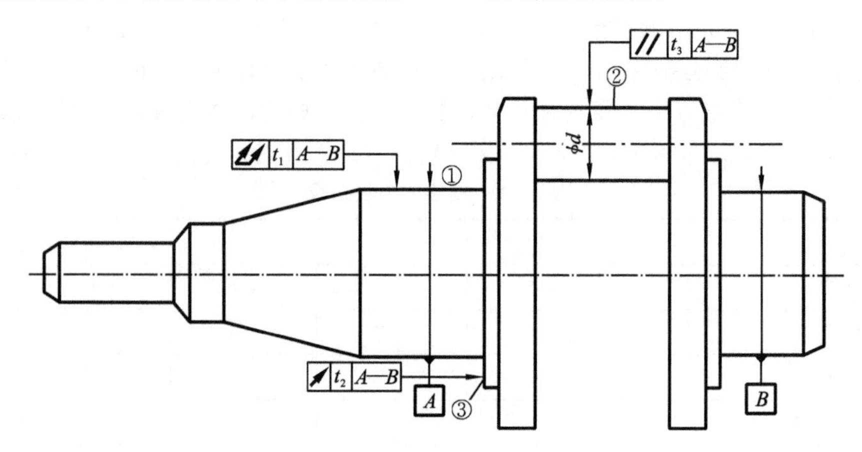

图 10-12　曲轴的几何误差测量部位

三、使用仪器

1. 偏摆检查仪

偏摆检查仪主要用于检测轴类或盘类零件的径向圆跳动和端面圆跳动，其结构如图10-13所示。主要由导轨面底座、首尾顶尖座和中间可移动的万能百分表座组成，百分表座纵向移动的轨迹平行于首尾顶尖的连线方向，且两者之间的平行度较高。

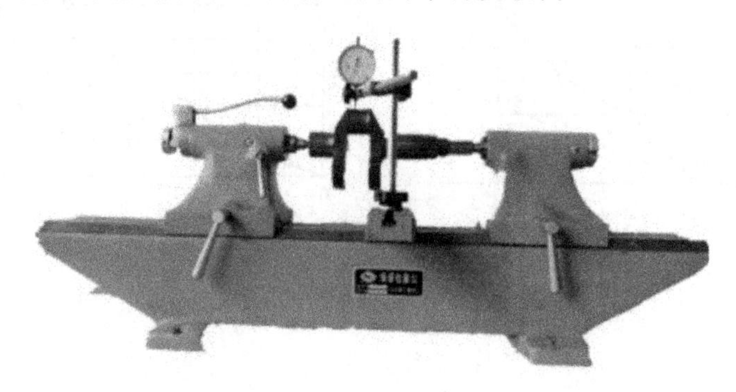

图 10-13　偏摆检查仪

2. 百分表(或千分表)

百分表及千分表主要用来校正零件或夹具的安装位置,检验零件的形状精度和相互位置精度。百分表要装夹在百分表座上,测量杆方向应垂直于被测表面,夹紧力要适当,以避免夹紧力过松使表头坠落或夹紧力过紧使测量杆不灵活。测量杆与被测表面接触时应使表针转动一定的格数,以确保测量头与被测表面始终可靠接触。

3. 杠杆百分表

杠杆百分表体积较小,适合于被测表面较小,百分表不便测量的场合。其测量杆轴线与被测表面的夹角越小,测量误差也越小,一般不超过15°,否则要进行读数修正。

四、测量步骤

1. 主轴轴颈外圆表面①相对于主轴轴线 A—B 的径向全跳动测量

(1) 将曲轴装夹在偏摆仪首尾顶尖之间并夹紧,不能有轴向窜动,并能自由转动;

(2) 如图10-13所示,将千分表固定在表座上,使测量头垂直于主轴轴颈外圆表面①(垂直向下接触可靠),并靠近连杆轴颈端面一侧;

(3) 一边沿轴向缓慢移动表座,一边将主轴缓慢转动2～3圈,其间千分表读数的最大值与最小值之差即为所测得的径向全跳动,要求测量3次取平均值。

2. 连杆轴颈中心线相对于主轴轴线 A—B 的平行度误差测量

(1) 将曲轴装夹在偏摆仪首尾顶尖之间并夹紧,不能有轴向窜动,并能自由转动;

(2) 将千分表固定在表座上,使测量头垂直于轴颈外圆表面②(垂直向下接触可靠);

(3) 从一侧向另一侧纵向缓慢移动表座,其间千分表读数的最大值与最小值之差即为两轴线在垂直方向的平行度误差 f_y,测3次并取平均值;

(4) 使百分表测量头在水平方向垂直于被测表面②并可靠接触,从一侧向另一侧纵向缓慢移动表座,其间千分表读数的最大值与最小值之差即为两轴线在水平方向的平行度误差 f_x,测3次并取平均值;

(5) 将两个方向的平行度误差按式 $f=\sqrt{f_x^2+f_y^2}$ 计算,所得结果可近似作为连杆轴线对主轴轴线的平行度误差。

3. 端面③相对于主轴轴线 A—B 的端面圆跳动测量

(1) 将曲轴装夹在偏摆仪首尾顶尖之间并夹紧,不能有轴向窜动,并能自由转动;

(2) 将杠杆百分表固定在表座上,测量杆轴线尽量平行于被测端面③(见图10-13),缓慢移动表座使测量头与被测端面③接触;

(3) 缓慢转动曲轴一圈,其间杠杆百分表读数的最大值与最小值之差即为该直径处的端面跳动值;

(4) 在三个不同直径处进行测量,取三次测量的最大值作为所测端面的端面圆跳动。

五、思考题

(1) 曲轴测量中,A—B 公共基准轴线是如何体现的?连杆轴颈中心线是如何体现的?

(2) 径向全跳动与径向圆跳动有何不同?测量方法有什么区别?

10.3　表面粗糙度测量

实验 5　用针描法测量表面粗糙度

一、实验目的与要求

(1) 了解针描法测量表面粗糙度的基本原理及方法；
(2) 掌握 TR210 手持式粗糙度仪的使用方法。

二、针描法测表面粗糙度的基本原理

针描法也叫触针法或轮廓法，测量时利用传感器内置的触针在工件的被测表面上缓慢移动，由于被测表面轮廓峰谷起伏，触针将在垂直于被测轮廓表面方向产生上下位移，再通过传感器将位移变化量转换成电量的变化，经信号放大和数据处理后，在显示器上显示出被测表面的评定参数值，具体可参考教材 5.3 节的"触针法"部分。根据传感器转换原理的不同，针描法又可分为电感式、电容式、压电式等多种。按针描法制造的表面粗糙度测量仪分为台式和手持式(教材 5.3 所示为台式)，具有性能稳定、测量范围广、测量精度高、测量结果可靠等优点，因而得到广泛应用。

三、测量仪器简介

TR210 手持式粗糙度仪的外形如图 10-14 所示。测量工件表面粗糙度时，将传感器放在工件被测表面上，由仪器内部的驱动机构带动传感器沿被测表面等速滑动，传感器的锐利触针感受到被测表面的粗糙度变化并产生垂直于被测表面方向的位移，该位移量经差动式电感传感器转换成线圈电感量的变化，从而在相敏检波器的输出端产生与被测表面粗糙度成正比的模拟信号，该信号经放大及电平转换后进入数字采集系统，由 DSP(数字信号处理器)芯片将采集的数据进行数字滤波和参数计算，测量结果在液晶显示器上读出，也可进行存储和打印。

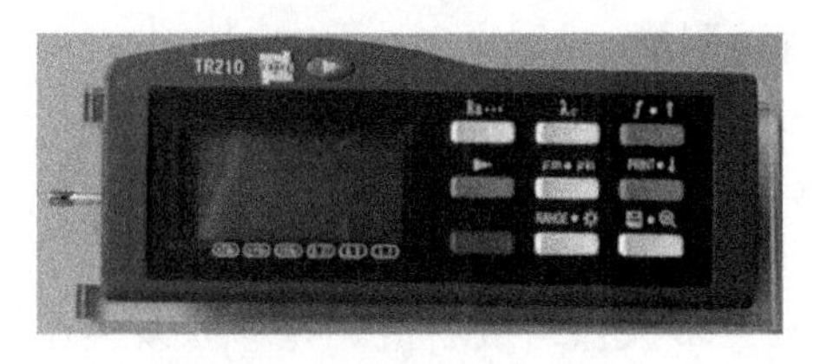

显示器及面板（正面）

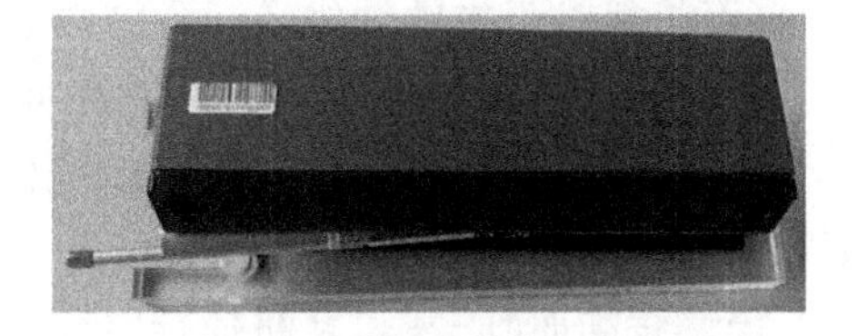

传感器与主机连接方式（侧面）

图 10-14　TR210 手持式粗糙度仪外形图

TR210 手持式粗糙度仪各功能键布置如图 10-15 所示，按下相应功能键可使其下各功能参数循环显示在显示屏上供选择。

四、测量步骤

(1) 根据被测工件表面形状尺寸选择相应的传感器(标准传感器、曲面传感器、小孔传感器、沟槽传感器等)。

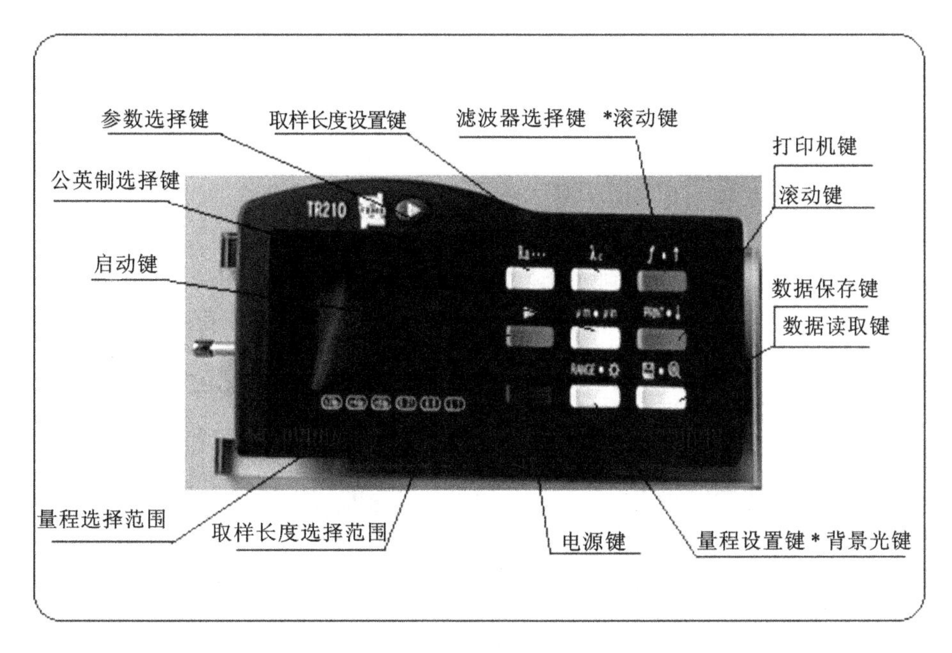

图 10-15 TR210 手持式粗糙度仪按键功能

(2) 将传感器安装在仪器底部的传感器连接套中轻推到底即可。

(3) 如工件被测面小于仪器底面时，应使用可调支架和传感器护套作辅助支撑来进行测量。

(4) 将仪器正确、平稳、可靠地放置在工件被测表面上；支架不能倾斜，传感器的连接杆轴线方向与工件被测表面平行，可观察显示屏上的触针位置光标准确指零。

(5) 传感器的滑动轨迹必须垂直于工件被测表面的加工纹理方向。

(6) 按电源键开机后，根据测量需要分别选择设定单位(公、英制)、取样长度(0.25 mm、0.8 mm、2.5 mm)、量程(±20 μm、±40 μm、±80 μm)、滤波器(RC、PC-RC、Gauss、D-P)和测量参数(Ra、Rz、Rq、Rt)。

(7) 按启动键，仪器开始测量，传感器在被测表面上水平滑动，仪器实时采集数据并经滤波计算后，将测量结果显示在液晶屏上。

五、思考题

(1) TR210 手持式粗糙度仪的基本原理如何?

(2) 粗糙度仪传感器的滑动轨迹为什么必须垂直于工件被测表面的加工纹理方向?

实验 6 用光切法测量表面粗糙度

一、实验目的与要求

(1) 了解光切法测量表面粗糙度的基本原理。

(2) 学会使用双管显微镜测量表面粗糙度的方法。

二、测量原理及仪器简介

光切法是利用光切原理测量表面粗糙度的一种测量方法，属于非接触测量方法。采用光切原理制成的表面粗糙度测量仪称为光切显微镜(或称双管显微镜)。它适合于测量使用车、铣、刨等方法加工的金属零件表面或外圆柱面的表面粗糙度,但不适合检验用磨削或抛光等方法加工的零件表面。

光切显微镜的外形如图 10-16 所示,底座 13 上装有立柱 12,显微镜的主体通过横臂 9 和立柱连接,转动升降螺母 11 可以使横臂沿立柱上下移动,用于粗调物镜组 2 的焦距,然后用螺钉 8 锁紧。工件安放在工作台 1 上,若为圆柱体工件则安放在工作台上的 V 形块中,工件加工表面的纹理方向应与目镜中观察到的光带方向垂直。显微镜的光学系统集中在横臂前端的壳体内,下方是可以更换的物镜组 2(根据被测工件表面的粗糙度范围可按表 10-2 选择),测量读数可以由目镜 6 观察,并通过旋转目镜测微鼓轮 5 而得到。

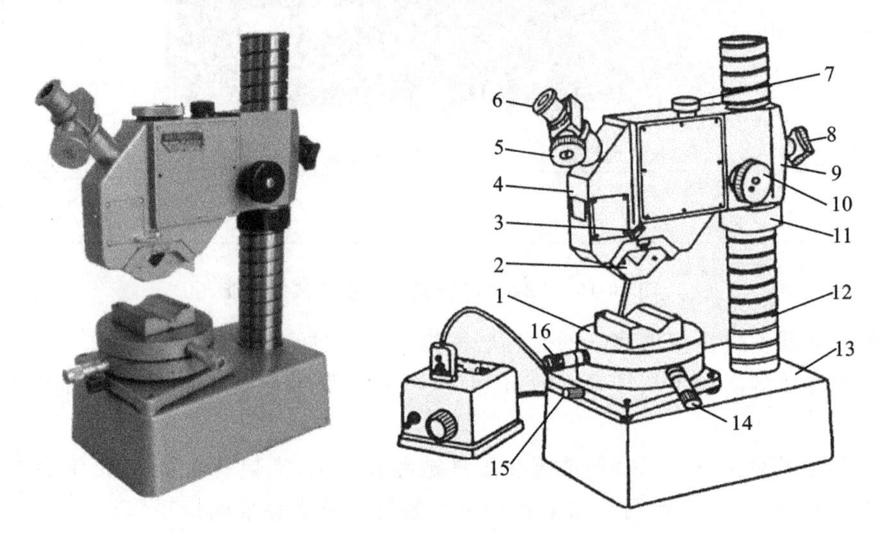

图 10-16 光切显微镜外形结构示意图

1—工作台;2—物镜组;3—手柄;4—壳体;5—目镜测微鼓轮;6—目镜;7—光源;8—锁紧螺钉;9—横臂;10—微调手轮;11—升降螺母;12—立柱;13—底座;14—纵向移动千分尺;15—工作台紧固螺钉;16—横向移动千分尺

光切显微镜的光学系统如图 10-17 所示。光源发出的光经聚光镜、狭缝和物镜组中的物镜聚焦照射在工件表面,且入射角是 45°,由于工件表面的微观不平,峰谷间存在高度差 h,使入射光分别在 S 和 S' 点发生反射,并通过另一侧的物镜聚焦后分别成像在固定分划板上的 a 和 a' 处。在目镜中观察到的凹凸起伏的绿色光带一侧的边缘形态(见图 10-18),即呈现了被测表面微观剖面的形状,其中的 aa' 即为工件表面粗糙度的波峰、波谷在固定分划板上的成像高度差,用 h'' 表示(见图 10-17),其读数大小由目镜千分尺来测量。

图 10-19 是目镜千分尺的结构示意图。视场由两个分划板构成,固定分划板 2 在下方,其上刻有间距为 1 mm,数字为 0~8 的 9 条刻线,可动分划板 1 上刻有互相垂直的两条十字刻线以及双标线,当转动刻度套筒(其一圈有 100 格,即图 10-16 中的目镜测微鼓轮 5)一圈时,可动分划板 1 上的双标线相对于固定分划板 2 上的固定刻线恰好移动一格。

由于分划板 1 上的两条十字刻线与其移动方向成45°,因此由图 10-18 可以看出,当从视场中测出的成像波高为 aa' 时,从刻度套筒读出的读数应该是位移 H。若令 $aa' = h''$,刻度套筒上的相应读数为 H,则有

$$h'' = H \times \cos 45^\circ \tag{10-5}$$

由图 10-17 不难看出,工件被测表面波峰与波谷间的高度差 h 为

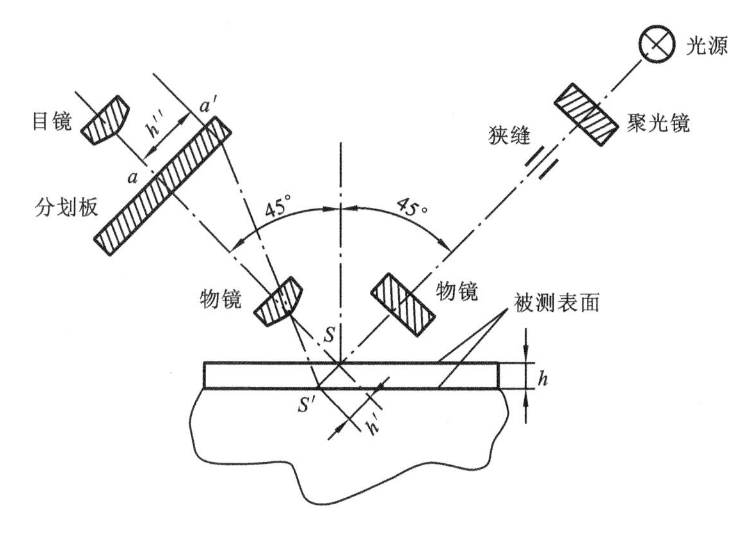

图 10-17 光切显微镜光学原理图

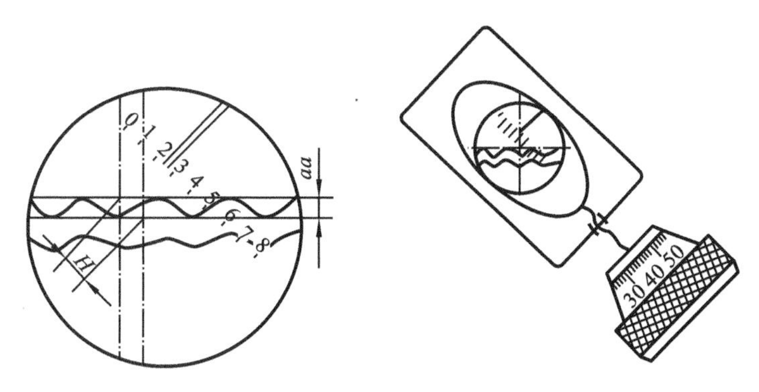

图 10-18 目镜测微器读数方法

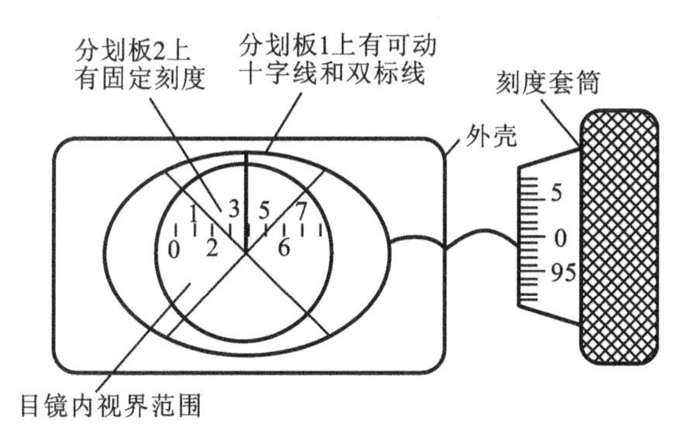

图 10-19 目镜千分尺结构示意图

$$h = h' \times \cos 45^\circ$$

或

$$h = \frac{h''}{N} \times \cos 45^\circ \tag{10-6}$$

式中：N 为物镜放大倍数；h 为被测表面法向截面上峰、谷间高度差；h' 为光切面上峰、谷间高度差；h'' 为测微目镜固定分划板上成像的峰、谷高度差。因此，被测表面法向截面上波峰与波谷的高度差 h，与目镜测微鼓轮刻度套筒上读数 H 之间的关系是

$$h = \frac{H}{N} \times \cos^2 45° = \frac{H}{2N} = E \times H \tag{10-7}$$

式中：E 为仪器的分度值，即刻度套筒上一格所代表的被测表面法向波峰与波谷的高度差，其值与所选物镜组的放大倍数以及仪器的精度有关，其理论值通常可由表 10-2 确定，也可由标准刻度尺经检定得到。

表 10-2 光切显微镜物镜组参数

物镜放大倍数	7×	14×	30×	60×
仪器分度值 E	1.28(μm/格)	0.63(μm/格)	0.29(μm/格)	0.16(μm/格)
粗糙度 Rz/μm	20～80	6.3～20	1.6～6.3	0.8～1.6
目镜视场直径/mm	2.5	1.3	0.6	0.3

四、测量步骤

(1) 根据被测零件的表面粗糙度要求，由表 10-2 选择合适的物镜组，并装入仪器。

(2) 将被测工件擦净后放在工作台上(圆柱体则放在 V 形块上)，使加工纹路方向与光带方向垂直。

(3) 粗调焦距：松开锁紧螺钉 8，旋转升降螺母 11 使镜头缓慢接近被测工件表面(注意不要接触，以免划伤镜头)，从目镜 6 观察到较清晰的光带后拧紧锁紧螺钉 8。若为圆柱体工件，还应调整横向移动千分尺 16，使光线入射点位于圆柱体的最高素线上，以保证入射角是 45°，这样才能观察到清晰的图像，焦距和横向移动千分尺要反复调节若干次，然后锁紧。

(4) 旋转微调手轮 10 使目镜中绿色光带尽量窄，而且一侧的边缘尽量清晰。然后旋转目镜 6 使其中的一条十字线与光带平行，并锁紧目镜螺母。

(5) 旋转目镜测微鼓轮 5，在取样长度内，使目镜中的十字线分别与光带同一侧的 5 个波峰 Y_{pi} 的最高点和 5 个波谷 Y_{vi} 的最低点相切，并记下测微鼓轮 5 上的 10 次读数 H，由此得出 5 个 ΔH_i ，则用下式可求出微观不平度十点高度 Rz

$$Rz = \frac{1}{5}\sum_{i=1}^{5}\Delta H_i E = \frac{1}{5}\left(\sum_{i=1}^{5}Y_{pi} - \sum_{i=1}^{5}Y_{vi}\right)E \tag{10-8}$$

(6) 如果需要测量评定长度 l_n 内的微观不平度十点高度 Rz' ，则在评定长度内一般取 5 个取样长度，分别测出每个取样长度上的 Rz 值，取其平均值作为被测零件的 Rz' ，即

$$Rz' = \frac{1}{5}\sum_{I=1}^{5}Rz_I \tag{10-9}$$

需要特别说明的是：本实验测量的 Rz 为旧标准中的微观不平度十点高度，该参数在新标准 GB/T 3505—2009 中已取消，但符号 Rz 仍然保留，用来表示轮廓的最大高度。对于轮廓最大高度的测量，可参考上述方法，在一个评定长度内，依次测量得到 5 个相邻取样长度内轮廓的最大高度，然后再取这 5 个值的最大值作为最终的轮廓的最大高度。这是因为轮廓的最大高度在理论上有很大的离散性，特别是对不规则表面更具有随机性，即便是较规则的表面，由于评定长度不同，评定位置不同，轮廓的最大高度的值也不同。

五、思考题

(1) Ra 是什么表面粗糙度参数？用光切显微镜可以测 Ra 吗？

(2) 用光切显微镜的目镜测微鼓轮调整十字刻线与光带的波峰或波谷相切时，为什么只能在光带的一侧选取波峰、波谷，而不能跨越光带在两侧分别选取？

实验 7　用干涉显微镜测量表面粗糙度

一、实验目的

(1) 了解干涉显微镜的基本结构及测量原理；
(2) 掌握用干涉显微镜测量表面粗糙度的方法。

二、仪器结构和测量原理

干涉显微镜是利用光学干涉原理和显微系统专门检测表面粗糙度的一种仪器。当被测工件表面非常光滑时，由干涉显微镜目镜视场中可观测到平直规则、明暗相间的干涉条纹，若零件表面有微观不平，则干涉条纹将产生弯曲，根据干涉条纹弯曲程度的大小，由仪器测微装置测量并计算可得到零件表面的粗糙度。它一般用于表面粗糙度要求较高的工件测量，是非接触测量。

干涉显微镜的外形和结构如图 10-20 所示，它由目镜千分尺、圆工作台、参考镜部件、光源及照相机等部件组成。

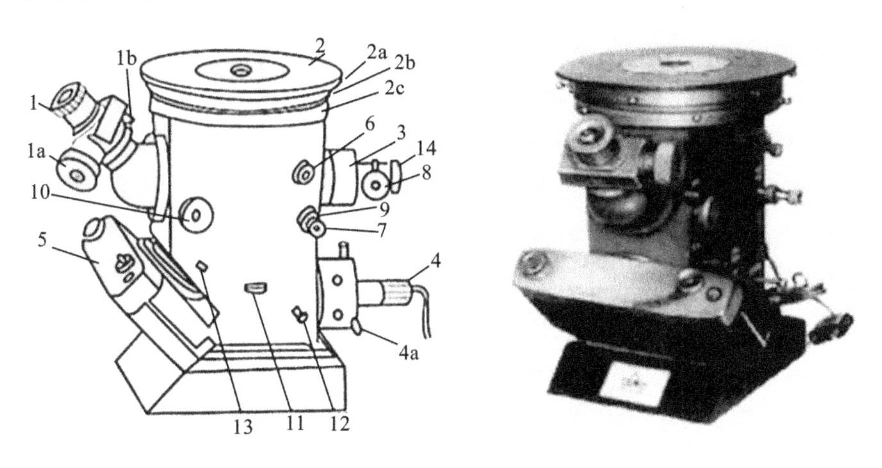

图 10-20　干涉显微镜外形及结构示意图

1—目镜千分尺；1a—刻度筒；1b—螺钉；2—圆工作台；2a—移动圆工作台滚花环；2b—转动圆工作台滚花环；2c—升降圆工作台滚花环；3—参考镜部件；4—光源；4a—调节螺钉；5—照相机；6—转遮光板手轮；7、8、9、14—干涉带调节手轮；10—目视照相转换手轮；11—光阑调节手轮；12—滤光片调节手轮；13—照相机紧固螺钉

干涉显微镜光学系统原理如图 10-21 所示，光源 1 发出的光经聚光镜 2(F 是滤色片)，反射镜 3、物镜 6 后到分光镜 7，并在此将光线分成两路。其中一路光束透射过分光镜 7 经补偿镜 9、物镜 10 照射到位于物镜焦平面上的被测工件表面 P_2，P_2 反射的光束再沿原路返回到分光镜 7；另一路光束在分光镜上反射，经遮光板 17(它可移出光路)，物镜 8 照射在位于物镜焦平面上的参考镜 P_1 上(参考镜 P_1 是一个作为标准的表面非常光滑的平面反射镜)，P_1 反射的光束也沿原路返回到分光镜 7，P_1、P_2 反射回来的光线由于存在光程差，因此在分光镜 7 上叠加时会产生干涉条纹，并经反射镜 11、转向镜 12 成像在目镜分划板 13 上，由目镜 14 可以观察到该干涉条纹的像。由于被测工件表面存在微观不平度误差(粗糙度)，会使干涉条纹

产生弯曲，其弯曲量的大小能反映出被测工件表面波峰与波谷的高度差。

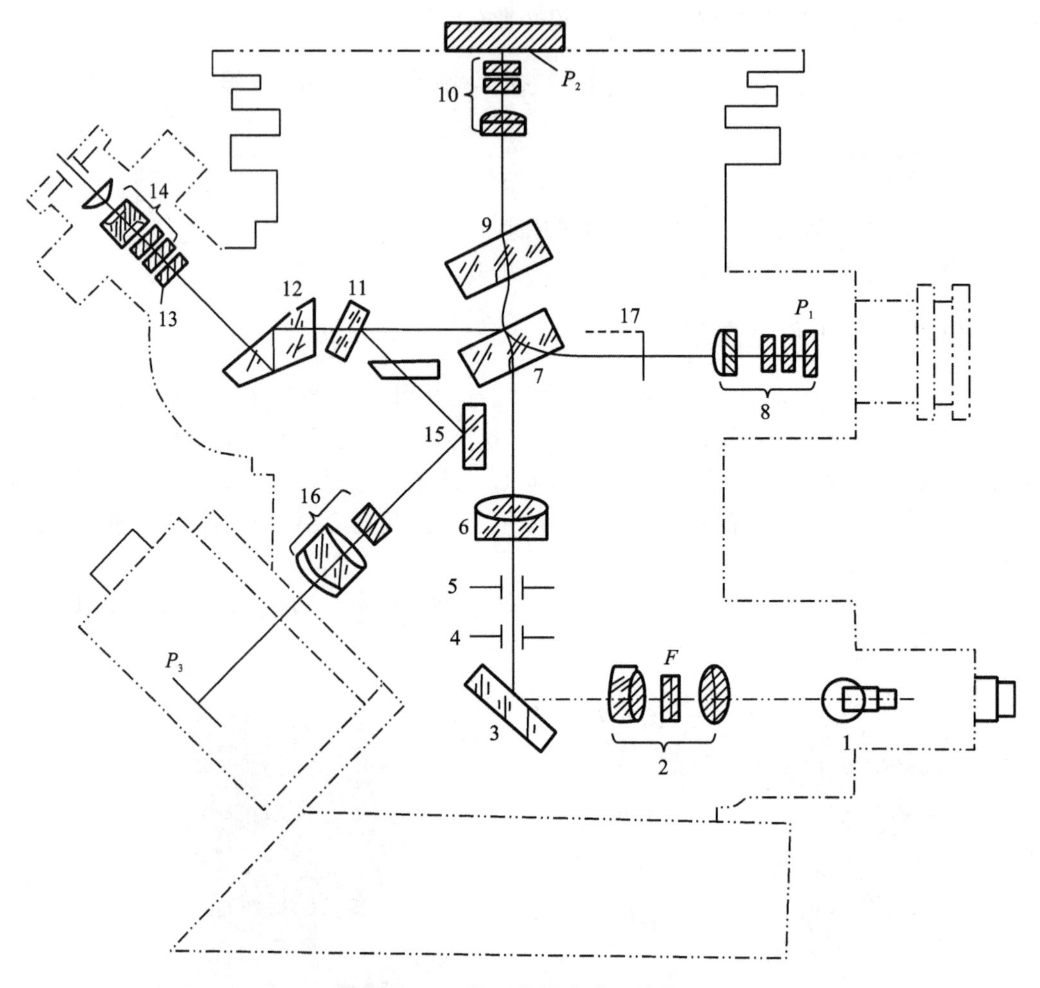

图 10-21　干涉显微镜光学系统原理

1—光源；2—聚光镜；3，11，15—反射镜；4，5—光阑；6，8，10，16—物镜；7—分光镜；9—补偿镜；12—转向镜；13—分划板；14—目镜；17—遮光板

图 10-22 为干涉显微镜观察的干涉条纹及其测量方法示意图。

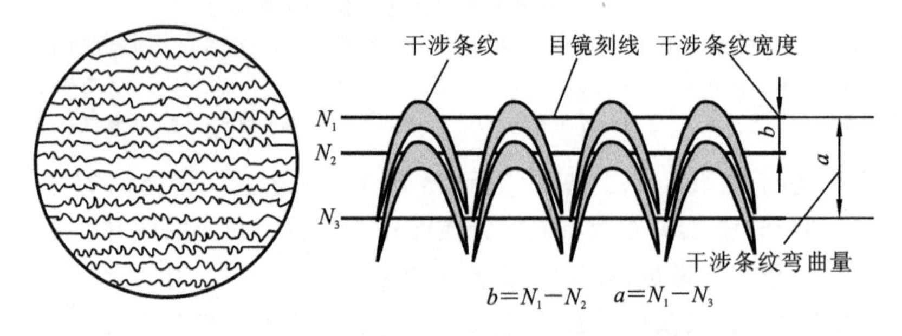

图 10-22　干涉显微镜观察干涉条纹及测量

根据光波干涉原理，干涉波的间距为 $\lambda/2$，λ 为光波波长，因此，只要测出干涉条纹的弯曲量 a 与干涉条纹的宽度 b，即可按式(10-10)求得被测表面波峰与波谷之间的高度差 h

$$h = \frac{a}{b} \cdot \frac{\lambda}{2} \tag{10-10}$$

干涉显微镜还附有照相装置，可将成像在目镜分划板上的干涉条纹拍摄下来，以便测量计算。在精密测量时常用单色光(可更换滤光片 F 的颜色)，因为单色光波长稳定。当被测表面粗糙度值较低，而加工痕迹又无明显的方向性时，采用白光较好，因为白光干涉中的零级黑色条纹可清晰地显示出干涉条纹的弯曲情况，便于测量。

三、测量步骤

(1) 接通变压器电源，并预热 15～30 min。

(2) 转动手轮 10 到目视位置，即将光路图中的 11 移出光路。转动手轮 6，将遮光板 17 移出光路。转动 4a，调节光源位置，使视场照明均匀。转动手轮 8，使目镜视场中的弓形直边清晰，如图 10-23(a)所示。

(3) 将被测工件擦净，并将被测面向下放在工作台 2 上。将遮光板 17 移进光路，转动滚花环 2c，使圆工作台升降，直到在目镜视场中看到被测工件表面的加工痕迹为止，然后将遮光板 17 移出光路。

(4) 松开锁紧螺钉 1b，取下目镜千分尺，从观察光管中可看到光源的两个灯丝像。转动光阑调节手轮 11，使孔径光阑开至最大。转动手轮 7 和 9，使两个灯丝像完全重合，同时转动调节螺钉 4a，使灯丝像位于孔径光阑中央，如图 10-23(b)所示。

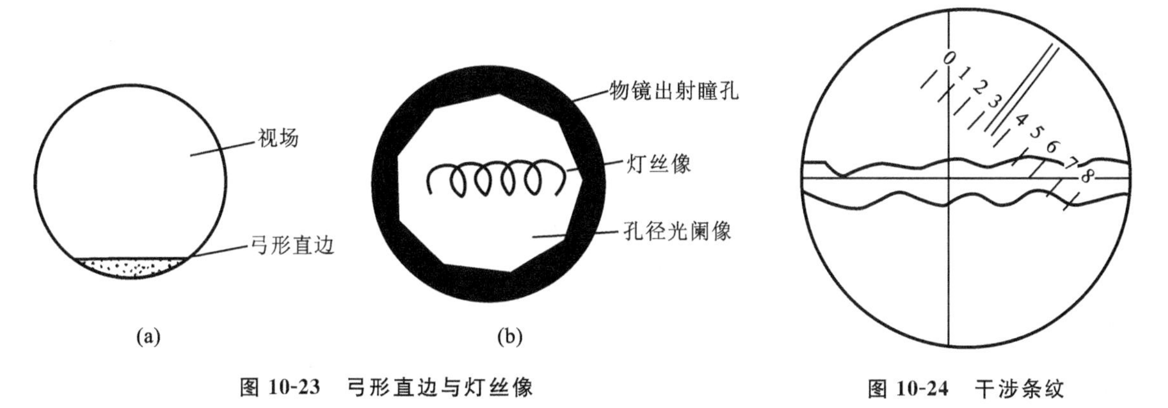

图 10-23　弓形直边与灯丝像　　　图 10-24　干涉条纹

(5) 装上目镜千分尺，锁紧固定螺钉 1b，转动目镜上滚花环将十字线调整清晰。再将手柄 12 向左推到底，使滤光片 F 进入光路。此时在目镜中会出现单色的干涉条纹，微微转动手轮 14，使条纹清晰。将手轮 12 向右推到底，使滤光片退出光路，此时目镜视场中将出现彩色干涉条纹，其中有两条黑色条纹。转动手轮 7、8、9，可调节干涉条纹的亮度和宽度，转动滚花环 2b 可转动工作台，使被测表面的加工痕迹方向与干涉条纹垂直。

(6) 松开 1b，转动目镜千分尺，使目镜视场中的十字刻线之一与干涉条纹平行(见图 10-24)，然后锁紧 1b。

(7) 在取样长度范围内，分别测出 5 个峰的数值。方法是转动目镜千分尺的刻度筒 1a，将目镜十字刻线中平行的一条线移动到波峰的干涉条纹中间(图 10-22 中的 N_1)，记下刻度筒读数 H_1；再转动目镜千分尺的刻度筒 1a，将目镜十字线中的同一条线移到相邻干涉条纹的波峰的中间对准(见图 10-22 中的 N_2)，再从刻度筒上记下读数 H_2；再转动刻度筒，将目镜十字线中的同一条线移到前一条干涉条纹的波谷中间(见图 10-22 中的 N_3)，记下刻度筒读数 H_3，

则条纹宽度 $b = H_1 - H_2$，条纹峰谷间高差 $a = H_1 - H_3$。

按上述方法在取样长度内，测出 5 个最大峰高 N_1 的 5 个读数 H_{pi}，最低波谷 N_3 的 5 个读数 H_{vi}，则得

$$a_{平均} = \frac{1}{5}\left(\sum_{i=1}^{5} H_{pi} - \sum_{i=1}^{5} H_{vi}\right) \tag{10-11}$$

$$Rz = \frac{a_{平均}}{b} \cdot \frac{\lambda}{2} \tag{10-12}$$

若要测量平均取样长度内的 Rz 值，可按上述方法测 5 个取样长度内的 Rz 值后，取平均值即可。

需要说明的是：本实验测量的 Rz 仍然为旧标准中的微观不平度十点高度。对于轮廓最大高度的测量，可参考上述方法，在一个评定长度内，依次测量得到 5 个相邻取样长度内轮廓的最大高度，然后再取这 5 个值的最大值作为最终的轮廓的最大高度。

四、思考题

(1) 干涉显微镜与光切显微镜测量表面粗糙度的范围有什么不同？

(2) 干涉显微镜测表面粗糙度 Rz 时，其仪器分度值是如何体现的？

10.4　影像法测量螺纹主要参数

实验 8　用影像法测量螺纹的主要参数

一、实验目的及要求

(1) 了解工具显微镜的测量原理和基本结构特点；

(2) 掌握用工具显微镜测量外螺纹主要参数的方法。

二、仪器简介

工具显微镜是一种以影像法作测量基础的精密光学仪器，它可以测量精密螺纹的基本参数（大径、中径、螺距、牙型半角等），也可测量轮廓复杂的样板、成形刀具以及其他各种零件的长度、角度、半径等。工具显微镜有万能、小型、大型和重型四种，有些还带有微处理机和数显装置，使测量精度和效率有较大提高。现以大型工具显微镜为例来介绍工具显微镜的基本结构和测量原理。

图 10-25 为大型工具显微镜的外形图，它主要由目镜 1、角度读数显微镜 2、横臂 18、立柱 16、支座 20、圆工作台 9、底座 13 和纵、横向移动千分尺 14、11 等部分组成。转动立柱倾斜手轮 15，可使立柱 16 绕支座 20 左右摆动。转动纵、横向移动千分尺 14 和 11 可使工作台沿纵、横向移动。转动手轮 12 可使圆工作台绕轴心线旋转。松开紧固螺钉 17，转动手轮 19 可以使显微镜上下移动。

图 10-26 为大型工具显微镜光路原理示意图，由主光源 1 发出的光经光阑 2、滤光片 3、反光镜 4、聚光镜 5 照射在玻璃工作台 6 上，将被测工件 7 的轮廓经物镜组 8、转向棱镜 9 投射到位于目镜 11 焦平面上的分划板 10 上，从而在目镜 11 中可观察到工件放大的轮廓影像。另

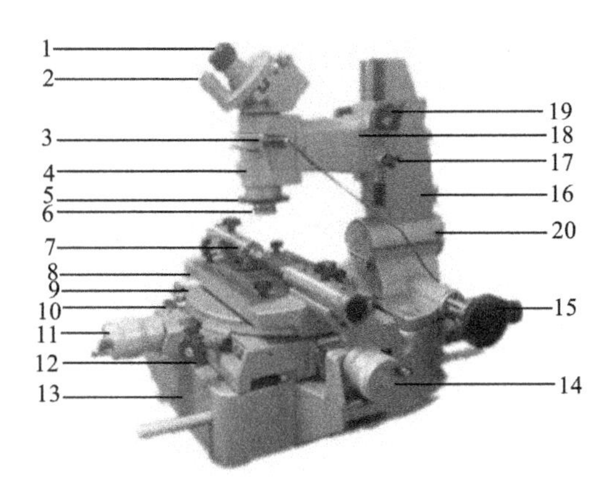

图 10-25　大型工具显微镜外形图

1—目镜；2—角度读数显微镜；3—反射照明灯；4—显微镜管；5—调焦环；6—物镜；7—顶针；8—顶针架；9—圆工作台；10—旋转紧固螺钉；11—横向千分尺；12—圆工作台旋转手轮；13—底座；14—纵向移动千分尺；15—立柱倾斜手轮；16—立柱；17—上下紧固螺钉；18—横臂；19—横臂升降手轮；20—支座

外，也可在物镜组 8 处放置一反射光源来照亮被测工件，从工件表面反射的光线，经物镜组 8、转向棱镜 9 投射到目镜 11 焦平面上的分划板 10 上，同样在目镜中观察到放大的轮廓影像。

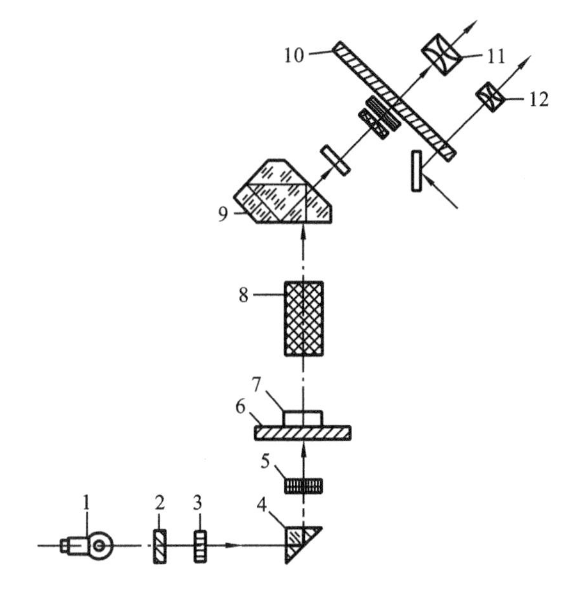

图 10-26　大型工具显微镜光路原理示意图

1—主光源；2—可变光阑；3—滤光片；4—反光镜；5—聚光镜；6—工作台；7—被测工件；8—物镜组；9—转向棱镜；10—分划板；11—米字刻线目镜；12—角度目镜

图 10-27(a)为仪器的目镜外形图。它由分划板、中央目镜、角度读数目镜、反射镜和手轮等组成。目镜的结构原理如图 10-27(b)所示，从中央目镜可观察到被测工件的轮廓影像和分划板的米字刻线，如图 10-27(c)所示。

从角度读数目镜中，可以观察到分划板上 0～360°的度值刻线和固定游标分划板上 0～60′的分值刻线，如图 10-27(d)所示。转动手轮，可使刻有米字线和度值刻线的分划板转动，它转动的角度，可以从角度读数目镜中读出，当该目镜中固定游标的零刻线与度值刻线的零位对准时，则米字线中间的虚线 $A—A$ 正好垂直于仪器工作台的纵向移动方向。

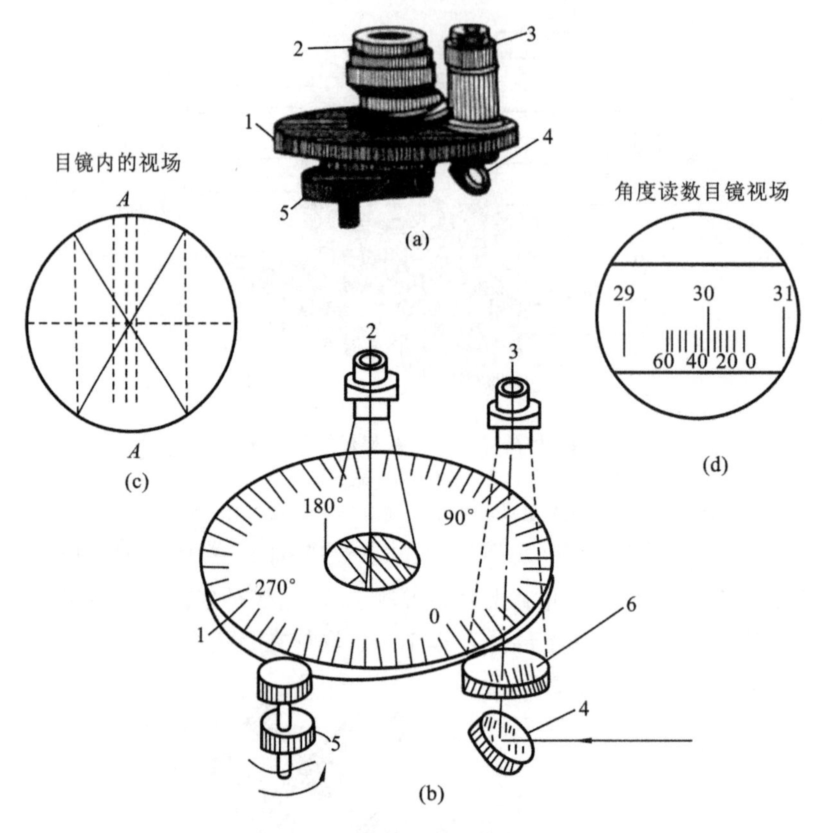

图 10-27　目镜和角度读数目镜

1—分划板；2—中央目镜；3—角度读数目镜；4—反射镜；5—手轮；6—角度固定游标

当光线从工作台下方照射被测工件时，由于光的绕射现象，将产生工件轮廓的畸变，因此测量时应选择合适的光阑。在测量圆柱形工件时，光阑的调节与被测工件的直径有关，在测量螺纹时，光阑的调节不仅与被测螺纹的中径有关，而且与螺纹的牙型半角有关，应按表 10-3 选择光阑。

表 10-3　可变光阑直径参数表

螺纹中径/mm	光阑直径		螺纹中径/mm	光阑直径	
	螺纹牙型角			螺纹牙型角	
	55°	60°		55°	60°
8	12.3	12.5	20	9	9.3
10	11.3	11.9	25	8.4	8.6
12	10.7	11	30	7.8	8.1
14	10.2	10.4	40	7.2	7.4
16	9.7	10	50	6.6	6.8
18	9.4	9.5	60	6.2	6.4

三、测量步骤

将被测螺纹工件置于工具显微镜的顶尖架上，按表 10-4 调整好光阑，按被测螺纹升角调整好镜头偏转角，使被测螺纹牙型两侧在显微镜中显示同样清晰的图像。

1. 测量牙型半角

螺纹牙型半角 $\alpha/2$ 是指在螺纹牙型上牙侧与螺纹轴线的垂线间的夹角。

测量时转动纵、横向千分尺并调节米字线调节手轮，使目镜中的 $A—A$ 虚线与螺纹影像牙型的某一侧面重合或保持一平行狭缝，如图 10-28 中的（Ⅰ）。此时角度读数目镜中显示的读数，即为该牙侧的牙型半角，如图 10-29(b)所示，得半角数值为

$$\frac{\alpha}{2}(\text{右})=360°-330°4'=29°56' \tag{10-13}$$

同理，当 $A—A$ 虚线与被测螺纹牙型的另一边对齐或保持一平行狭缝时，如图 10-28 中的（Ⅱ），此时得另一半角，如图 10-29(c)所示，其数值为

$$\frac{\alpha}{2}(\text{左})=30°4' \tag{10-14}$$

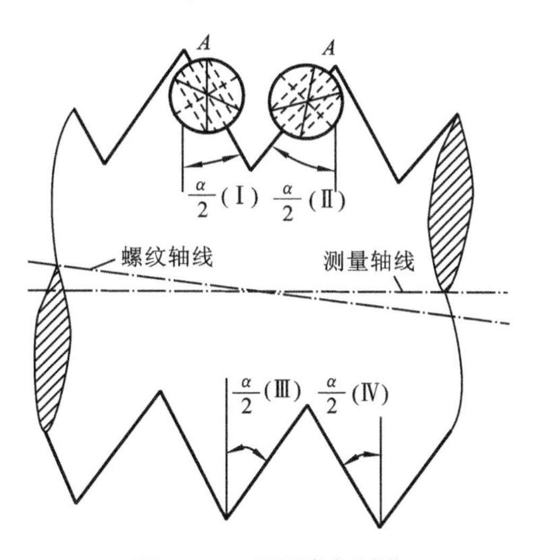

图 10-28　牙型半角测量

为了消除被测螺纹轴线与工作台移动方向偏离的影响，可按图 10-28 所示分别测量Ⅰ、Ⅱ、Ⅲ、Ⅳ位置上的实际半角值，并按下列公式计算出左、右半角值。

$$\frac{\alpha}{2}(\text{左})=\frac{1}{2}\left[\frac{\alpha}{2}(\text{Ⅰ})+\frac{\alpha}{2}(\text{Ⅳ})\right] \tag{10-14a}$$

$$\frac{\alpha}{2}(\text{右})=\frac{1}{2}\left[\frac{\alpha}{2}(\text{Ⅱ})+\frac{\alpha}{2}(\text{Ⅲ})\right] \tag{10-14b}$$

实际牙型半角与公称值 $\alpha/2$ 之差，即得牙型半角偏差为

$$\Delta\frac{\alpha}{2}(\text{左})=\left[\frac{\alpha}{2}(\text{左})-\frac{\alpha}{2}\right] \tag{10-14c}$$

$$\Delta\frac{\alpha}{2}(\text{右})=\left[\frac{\alpha}{2}(\text{右})-\frac{\alpha}{2}\right] \tag{10-14d}$$

$$\Delta\frac{\alpha}{2}=\frac{1}{2}\left(\left|\Delta\frac{\alpha}{2}(\text{左})\right|+\left|\Delta\frac{\alpha}{2}(\text{右})\right|\right) \tag{10-14e}$$

2. 测量螺距

螺距 P 是指相邻两牙在螺纹中径线上对应两点间的轴向距离。

调整镜头，并纵向移动工作台，使被测螺纹两侧的轮廓在显微镜中有同样清晰的图像。转

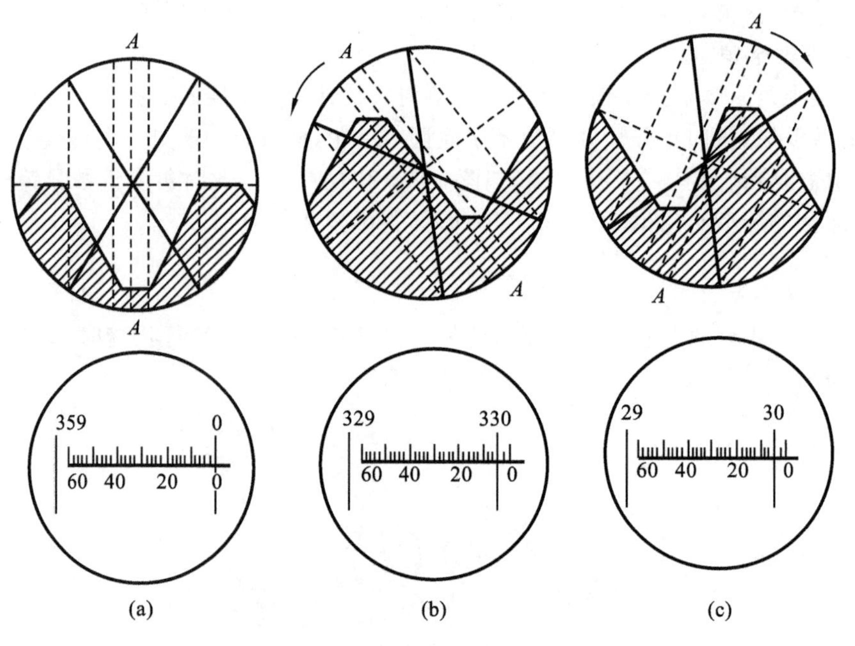

图 10-29　目镜视场和角度目镜读数

动读数目镜，使米字线分划板的 $A—A$ 虚线和牙型一侧重合(见图 10-30)。此时在工作台的纵向手轮上读取第一个读数。再移动纵向工作台，使 $A—A$ 虚线和相邻的牙型的同侧轮廓线重合(见图 10-30)，再在纵向手轮上读取第二个读数，两个读数之差即为螺距 P。用同样方法可测得 n 个螺距的累积值 P_n。

为了消除螺纹轴线和工作台纵向移动方向的偏离所带来的误差，可在牙型左、右侧分别测量螺距，取两测量值的算术平均值作为实际螺距，即

$$P_{n实际} = \frac{P_{n左} + P_{n右}}{2} \tag{10-15}$$

n 个螺距的累积偏差值为

$$\Delta P = P_{n实际} - P_n \tag{10-16}$$

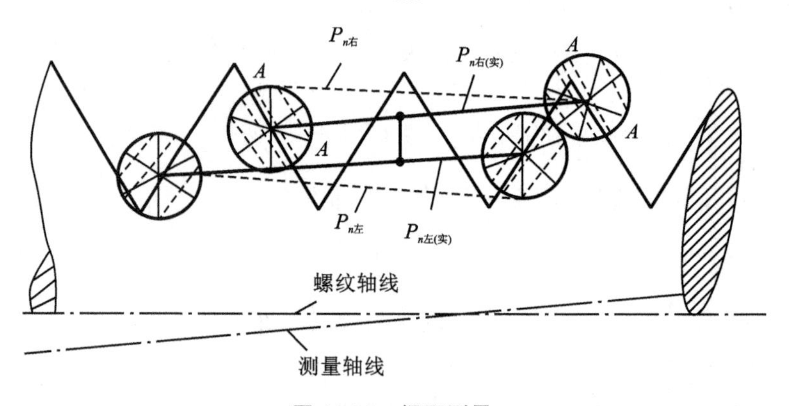

图 10-30　螺距测量

3. 测量中径

将被测螺纹工件置于工具显微镜的顶尖架上，调整好仪器的光阑，按被测工件的螺纹升角调整好镜头偏转角，使被测螺纹牙型两侧在显微镜中显示同样清晰的图像。

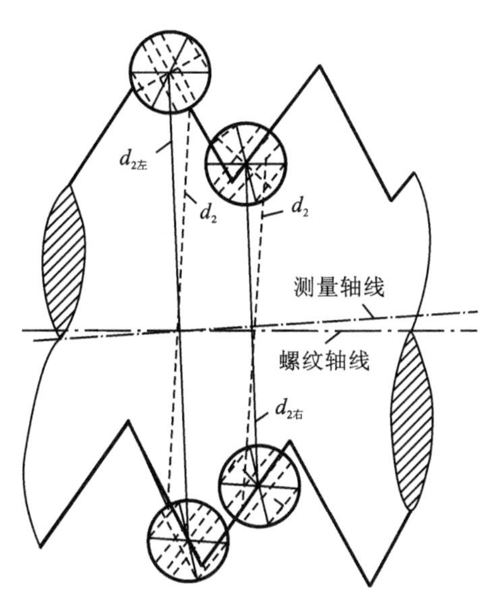

图 10-31　中径测量

转动读数目镜上的米字线分划板，使其上的 $A—A$ 虚线与牙型角的一侧重合（见图 10-31），此时在工作台的横向读数手轮上读取一个读数；再按螺旋升角反方向偏转镜头，并横向移动工作台，使 $A—A$ 虚线和轴另一侧相应的牙型侧重合（见图 10-31），此时在工作台的横向读数手轮上读取第二个读数，两次读数之差即为被测螺纹的中径。

为了消除测量中由于螺纹轴线与工作台纵向移动方向的偏离而产生的中径测量误差，应在螺纹牙型的两侧分别测量中径，然后取两次测量结果的算术平均值作为实际中径，即

$$d_{2实际} = \frac{d_{2左} + d_{2右}}{2} \tag{10-17}$$

中径实际偏差为

$$\Delta d_2 = d_{2实际} - d_2 \tag{10-18}$$

4. 合格性评价

根据给定的技术要求或教材 7.2.5 小节内容，对被测螺纹作出合格性判断。

四、思考题

（1）用影像法测量螺纹时，立柱为什么要倾斜一个螺旋升角？

（2）用工具显微镜测量外螺纹主要参数时，为什么测量结果要取平均值？

10.5　锥度和角度测量

实验 9　用正弦规测量圆锥角偏差

一、实验目的

（1）掌握用正弦规测量外圆锥角的原理和方法；

（2）加深理解锥度与圆锥角的关系。

二、实验要求

用正弦规测量外圆锥角的偏差。

三、测量仪器和原理

正弦规是利用正弦原理进行锥角测量的计量器具之一。如图 10-32 所示，它有窄型和宽型两种，长度也分为 100 mm 和 200 mm 两种。正弦规由制造精度很高的主体 3 和两个直径完全相等的圆柱体 4 以及挡板 1、2 组成，且两圆柱体的轴心线所在平面与主体上表面平行。

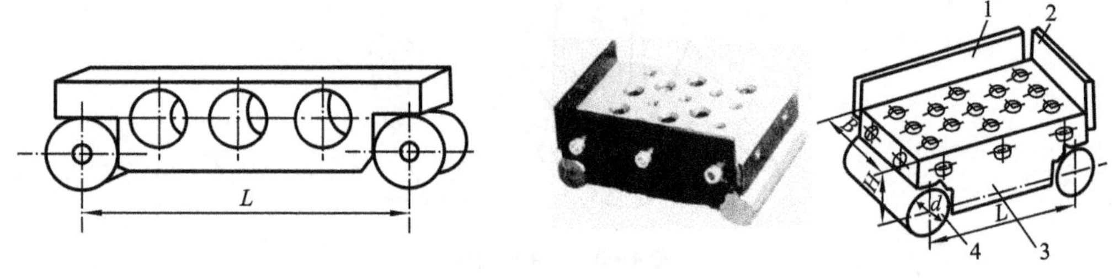

(a) 窄型正弦规　　(b) 宽型正弦规

图 10-32　正弦规的类型

1,2—挡板；3—主体；4—圆柱体

正弦规测量外圆锥角属于间接测量，其测量原理如图 10-33 所示，其中 1 是作为测量基准的平板，2 是正弦规，3 是量块组，4 是指示表（千分表或百分表），5 是被测工件。首先根据被测工件的公称锥角 α'，计算出正弦规一端所需要垫的量块组尺寸高度 H：

$$H = L \cdot \sin\alpha \quad (\text{使 } \alpha = \alpha') \tag{10-19}$$

式(10-19)中，L 为正弦规两圆柱体的轴心距。

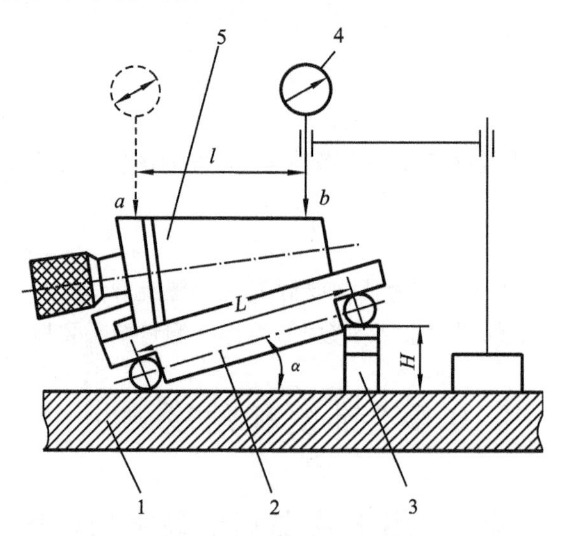

图 10-33　用正弦规测圆锥角

1—测量平板；2—正弦规；3—量块组；4—指示表；5—被测工件

然后将尺寸为 H 的量块组放在正弦规一端的圆柱体下面，并将被测工件放在正弦规的工作表面上，此时，若工件的锥角没有偏差，则工件最上面的表面素线将平行于基准平板，此时用

千分表在 a 、b 两点测得的素线高度值应相等。若千分表测得的读数不相等，则存在锥角偏差。

四、测量步骤

(1) 根据被测工件的公称圆锥角 α' 以及正弦规两圆柱体中心距 L ，按前述公式计算出量块组的尺寸 H ，并组合好量块。

(2) 将组合好的量块组放在正弦规一端的圆柱体下面，然后将被测圆锥放在正弦规的工作表面上，并使被测圆锥轴线垂直于正弦规两圆柱体的轴线。

(3) 将带有千分表(或百分表)的千分表座，放在基准平板上，表头置于被测工件上面的素线上且距离工件两端 2 mm 的 a 、b 两点处，并分别测量和读数。测量前指示表的表头应先接触被测表面并压缩 1 mm 左右。

(4) 如图 10-33 所示，将指示表在 a 点处前后移动找出最大值，再在点 b 处前后移动找到最大值。在 a 、b 两点各重复测量三次，取平均值后求出 a 、b 两点的高度差 n ，然后再测量出 a 、b 两点的距离 l ，则所测得的圆锥角偏差为

$$\Delta\alpha = \frac{n}{l}(\mathrm{rad}) = \frac{n}{l} \times 2 \times 10^5 ('') \tag{10-20}$$

式(10-20)中，$n = a_{平均} - b_{平均}$ ，单位为 μm；l 的单位为 mm。详细的数据处理和误差分析也可参见本书 3.3 节。

(5) 判断被测工件的合格性。

五、思考题

(1) 用正弦规测量锥角时，是测 a、b 之间表的读数差重要，还是测 a、b 之间沿外锥零件素线方向的长度重要？

(2) 用正弦规是否能够测量内锥角？

实验 10　钢球法测量内圆锥锥角

一、实验目的

了解用钢球法测量内圆锥锥角的原理和方法。

二、实验内容

用两个不同直径的钢球和深度游标尺(或深度千分尺)测量圆锥角偏差。

三、测量原理

钢球法测量内圆锥锥角属于间接测量法，如图 10-34 所示。将被测量的内圆锥孔小端向下放在基准平板上，然后放上直径为 d_0 的小钢球。以内圆锥大端面为基准，用游标深度尺(或深度千分尺)测量出小钢球顶部到内圆锥大端面之间的距离 H 。然后取出小钢球，在被测内圆锥中放入直径 D_0 的大钢球。再次测量出大钢球 D_0 顶部到内圆锥大端面之间的距离 h 。因为 D_0、d_0、H 和 h 是已知的，所以从图 10-34 中可求出半圆锥角 $\alpha/2$ 。

$$\sin\frac{\alpha}{2} = \frac{\dfrac{D_0}{2} - \dfrac{d_0}{2}}{l} = \frac{D_0 - d_0}{2l} \tag{10-21}$$

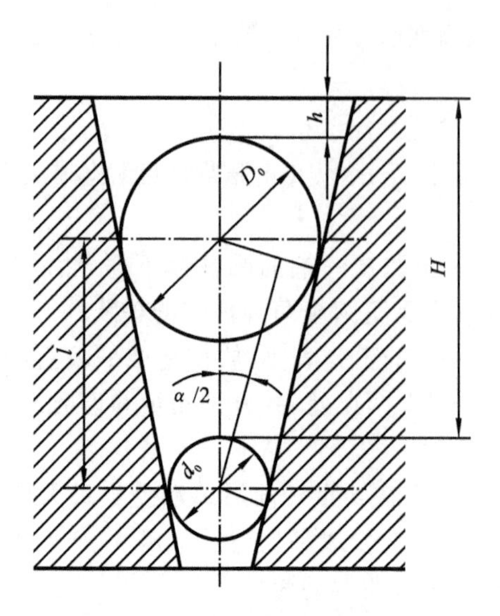

图 10-34 用钢球测内圆锥锥角

因为

$$l=(H-h)-\left(\frac{D_0}{2}-\frac{d_0}{2}\right)=(H-h)+\frac{1}{2}(d_0-D_0) \tag{10-22}$$

所以

$$\sin\frac{\alpha}{2}=\frac{D_0-d_0}{(2H-2h)+d_0-D_0} \tag{10-23}$$

内锥角为

$$\alpha=2\arcsin\left[\frac{D_0-d_0}{(2H-2h)+d_0-D_0}\right] \tag{10-24}$$

四、实验步骤

(1) 根据被测内圆锥的尺寸和锥角的大小，选择直径合适的两个钢球。

(2) 擦净钢球和内圆锥，并将内圆锥的小端放于基准平板上。

(3) 在内圆锥中放入直径为 d_0 的小钢球，用深度游标尺(或深度千分尺)测出尺寸 H 。取出小钢球，再在内圆锥中放入直径为 D_0 的大钢球，并测出尺寸 h 。

(4) 按式(10-24)计算出内圆锥孔的实测圆锥角。

(5) 求圆锥角偏差 $\Delta\alpha=\alpha_{测量}-\alpha_{标准}$ ，并判断合格与否。

五、思考题

(1) 用钢球法测量内锥角时，两钢球的直径差是大些好还是小些好?

(2) 若两钢球中心的连线 l 较大，使钢球的顶部超出了锥体，此时应如何测量? 内锥角又如何计算?

实验 11 用圆柱和量块测量外圆锥锥角

一、实验目的

了解用圆柱、量块和千分尺测量外圆锥锥角的原理和方法。

二、实验内容

用两个等径圆柱和两组等高量块测量外圆锥的圆锥角。

三、测量原理

如图 10-35 所示，将被测外圆锥小端向下放于基准平板上，在圆锥两侧与基准平板之间，分别放上两个等径圆柱。并用外径千分尺测出两圆柱外表面之间的尺寸 m 。取下圆柱，放上两组等高量块。在量块上与被测外圆锥之间，再放上两等径圆柱，再用外径千分尺测出两圆柱外表面的尺寸 M 。若量块尺寸为 h ，则锥度为

$$C = \frac{M - m}{h} \tag{10-25}$$

而半圆锥角的正切为

$$\tan\frac{\alpha}{2} = \frac{M - m}{2h} \tag{10-26}$$

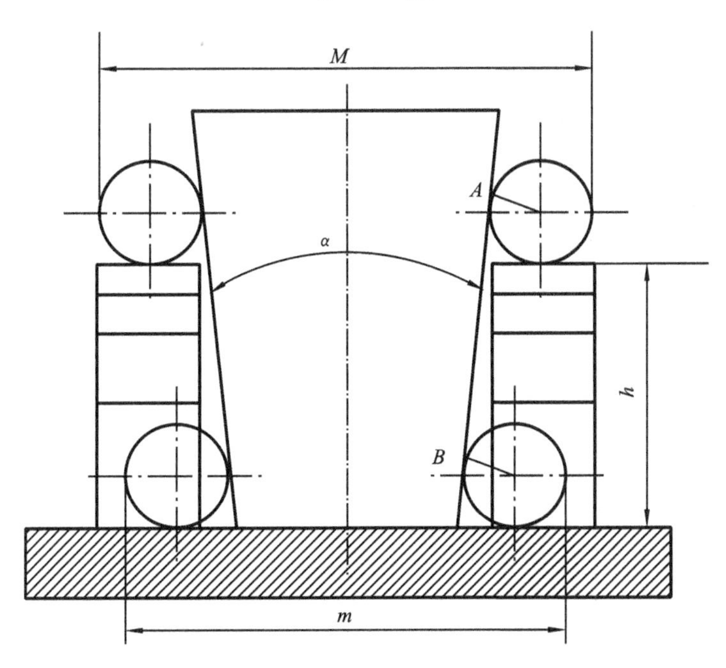

图 10-35　用圆柱量规测外圆锥

四、实验步骤

(1) 选择合适的两个等径圆柱和两组等高量块，用汽油清洗并用绸布擦净后，组合成两等高量块组。

(2) 将被测工件擦净，放在已擦净的基准平板上，如图 10-35 所示。

(3) 在被测外圆锥两侧与基准平板之间放上两圆柱，并测出尺寸 m ；再在被测外圆锥的两侧，分别放上等高的两量块组，在量块组上面与被测外圆锥之间放上两圆柱，再次测出尺寸 M 。

(4) 计算被测件的圆锥角 $\alpha = 2\arctan\left(\frac{M - m}{2h}\right)$ 。

(5) 求被测件圆锥角偏差 $\Delta\alpha = \alpha_{测量} - \alpha_{标准}$ ，并判断合格与否。

五、思考题

(1) 为什么锥度 $C=\dfrac{M-m}{h}$?

(2) 圆锥角可否用图 10-25 所示的大型工具显微镜来测量?

实验 12 用万能角度尺测量角度

一、实验目的

(1) 了解万能角度尺的结构和读数方法;

(2) 掌握用万能角度尺测量零件角度的方法。

二、实验内容

用万能角度尺测量零件的角度。

三、实验仪器

万能角度尺的结构如图 10-36 所示,主要由主尺、基尺、制动器、扇形板、角尺、直尺、卡块等几部分组成。测量范围一般为 0~320°,主要用来以接触法测量工件的内外角度。

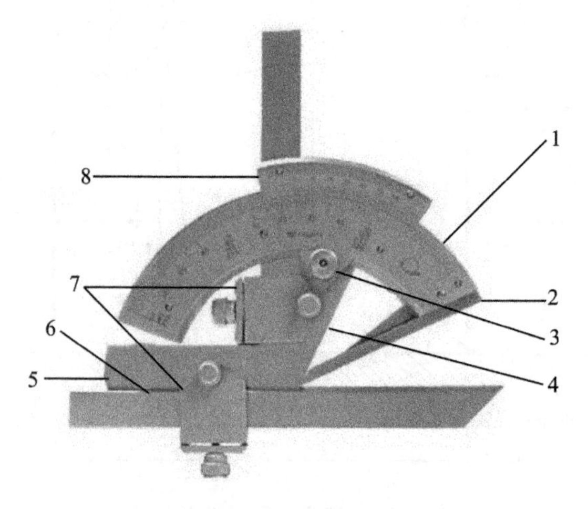

图 10-36 万能角度尺的结构

1—主尺;2—基尺;3—制动器;4—扇形板;5—角尺;6—直尺;7—卡块;8—游标

万能角度尺的读数机构是根据游标原理制成的。主尺刻线每格为 1°,游标刻线是取主尺的 29°等分为 30 格,因此游标刻线角格分度值为 29°/30,即主尺与游标一格的差值为 2′,也就是说万能角度尺的分度值为 2′,其读数方法与游标卡尺的完全相同,从主尺上读"度"数,游标上读"分"数,然后将两者相加。

使用时应先校准零位。当角尺与直尺均装上,而角尺的底边及基尺与直尺无间隙接触,此时主尺与游标的"0"线对准,即为万能角度尺的零位。调整好零位后,通过改变基尺、角尺、直尺的相互位置可测量 0~320°范围内的任意角,如图 10-37 所示。

测量 0~50°之间的角度,如图 10-37(a)所示,应装上角尺和直尺;测量50°~140°之间的角度,如图 10-37(b)所示,只需装上直尺;测量140°~230°之间的角度,如图 10-37(c)所示,只需

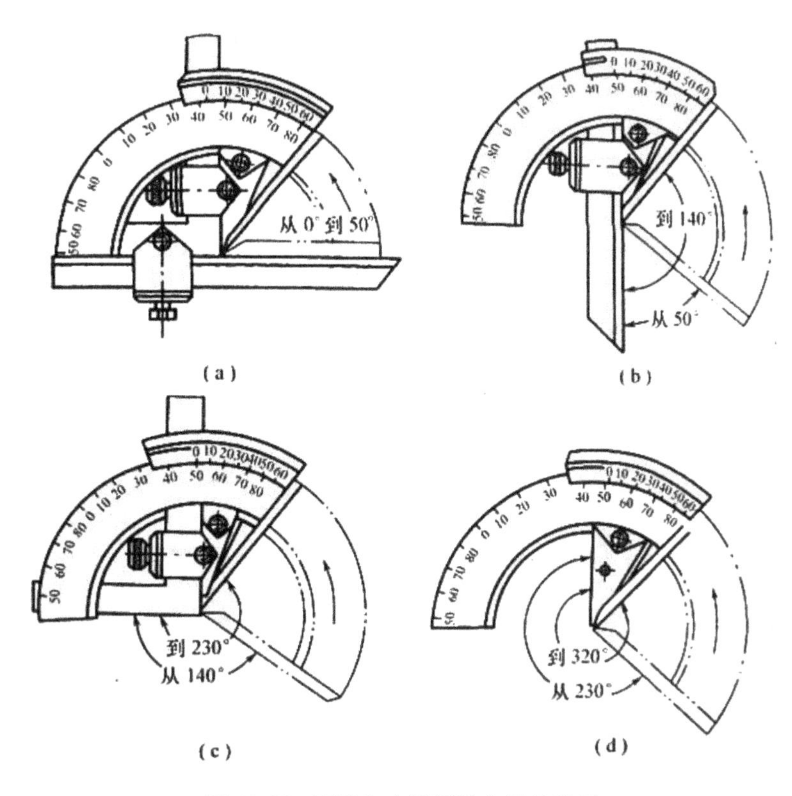

图 10-37　万能角度尺测量范围示意图

装上角尺，测量时应注意使角尺短边与长边的交点与基尺的尖端要对齐；测量230°～320°之间的角度，如图 10-37(d)所示，不需装角尺和直尺，只需使用基尺和扇形板的测量面进行测量。

测量时先松开制动器螺母，移动主尺作粗调整，再转动仪器背面的微动手轮作精细调整，直到使角度尺的两测量面与被测零件的工作面紧密接触，然后锁紧制动螺母，再进行读数。

四、测量步骤

(1) 将万能角度尺各测量面以及被测工件擦干净，放置在平板工作台上，如工件较小，也可手持测量。

(2) 依据被测角度大小选择并组合好万能角度尺(见图 10-37)。

(3) 松开制动器螺母，使万能角度尺两测量边与被测角度的两边贴紧，目测应无间隙，然后锁紧制动器螺母，即可读数。

(4) 测量完毕后，将万能角度尺用汽油或无水酒精清洗擦净，并涂上防锈油后放回原处。

10.6　齿轮测量

实验 13　齿轮单个齿距偏差与齿距累积总偏差的测量

一、实验目的

(1) 了解齿轮齿距偏差和齿轮齿距累积总偏差的定义及其对齿轮传动的影响。

(2) 掌握齿轮齿距偏差和齿轮齿距累积总偏差的测量及数据处理方法。

二、实验内容

(1) 用齿距仪或万能测齿仪测量齿距相对偏差。
(2) 用计算法或作图法求出齿距偏差及齿距累积总偏差。

三、测量原理及仪器

齿轮的齿距偏差 f_{pt}影响齿轮传动的平稳性。齿轮的齿距累积偏差 F_{pk}与齿距累积总偏差 F_p 影响齿轮的运动精度。在实际测量时，通常采用某一齿距作为基准齿距，测量其余齿距相对基准齿距的偏差。然后通过数据处理来求得单个齿距偏差 f_{pt}和齿距累积总偏差 F_p。测量应在齿高中部同一圆周上进行，这就要求保证测量基准的精度。齿轮的测量基准可选内孔、齿顶圆和齿根圆，为了使测量基准与装配基准相同，最好以内孔定位。用齿顶圆定位时，必须控制齿顶圆对内孔轴线的径向跳动。

用相对法测量齿距偏差的仪器有齿距仪和万能测齿仪。

1. 用齿距仪测量

图 10-38 为齿距仪的外形图，它以齿顶圆为测量基准。

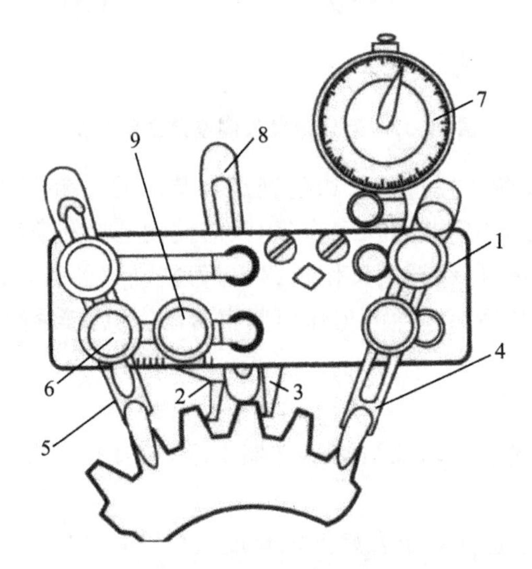

图 10-38 齿距仪测齿距偏差

1—基体；2—固定测量头；3—活动测量头；4,5—定位脚；
6,9—锁紧螺钉；7—指示表；8—辅助支撑脚

仪器上有 3 个定位脚(4、5、8)，用以支撑仪器。测量时首先调整两个定位脚 4、5 的相对位置，使测量头 2、3 在分度圆附近与齿面接触，固定测量头 2 按被测齿轮模数来调整位置，活动测量头 3 则与指示表 7 相连。测量前，将两定位脚 4、5 前端的定位爪紧靠齿轮端面，并使两定位脚 4、5 与齿顶圆接触再用螺钉 6 固紧，最后将辅助支撑脚 8 也与齿顶圆接触，同样用螺钉紧固，即可开始测量。以被测齿轮任一齿距为基准，把指示表 7 读数调整为零，然后逐齿测出其余齿距的相对偏差 $f_{pt相对i}$，将测得数据记入表 10-4 中。

表 10-4　数据记录与计算表

齿序 i	齿距相对偏差 $f_{pt相对i}$	齿距相对累积偏差 $\sum_{i=1}^{i} f_{pt相对i}$	齿距偏差 f_{pt}	齿距累积偏差 F_{pk}
1	0	0	−0.5	−0.5
2	−1	−1	−1.5	−2.0
3	−2	−3	−2.5	−4.5
4	−1	−4	−1.5	−6.0
5	−2	−6	−2.5	−8.5
6	+3	−3	+2.5	−6.0
7	+2	−1	+1.5	−4.5
8	+3	+2	+2.5	−2.0
9	+2	+4	+1.5	−0.5
10	+4	+8	+3.5	+3.0
11	−1	+7	−1.5	+1.5
12	−1	+6	−1.5	0

2. 用万能测齿仪测量

万能测齿仪是应用较广泛的齿轮测量仪器，对圆柱齿轮，可测量其齿距、基节、齿轮径向跳动和齿厚等，此外还可测量圆锥齿轮和蜗轮，其测量基准是齿轮内孔。

万能测齿仪的外形如图 10-39 所示。仪器的弓形支架可绕底座的垂直轴线旋转，装在弓形支架上的上、下顶尖用于安装被测齿轮的心轴。测量支架通过升降立柱安装在十字滑板上，可在水平面内作纵、横向移动。支撑托架上装有能作径向移动的测量滑座，由锁紧装置可将其固定在径向任意位置上。松开锁紧装置时，靠弹簧力可以使测量滑座匀速地移到测量位置，以便进行逐齿测量。

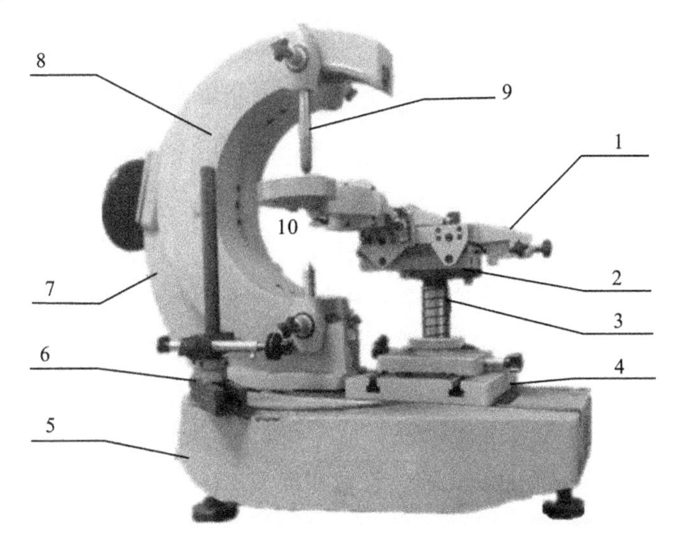

图 10-39　万能测齿仪的外形

1—测量滑座；2—支承托架；3—升降立柱；4—十字滑板；5—底座；
6—定位装置；7—外弓形架；8—内弓形架；9—上顶尖；10—下顶尖

测量滑座前端有两个球形测量爪(见图 10-40),一个是固定测量爪,另一个是活动测量爪,活动测量爪一端与指示器 2 相连,由指示器可读出被测齿距,指示器的分度值为 0.001 mm。测量时,将带心轴的被测齿轮安装在上、下顶尖之间,调整测量支架和测量滑座的位置,使两个球形测量爪位于被测齿轮的分度圆附近,并与两相邻齿的同侧齿面接触,选任一齿距作为基准齿距,将指示器 2 调到零位,然后逐一测量其余齿距相当于基准齿距的偏差值 $f_{pt相对i}$,将读数记入表 10-4 中。

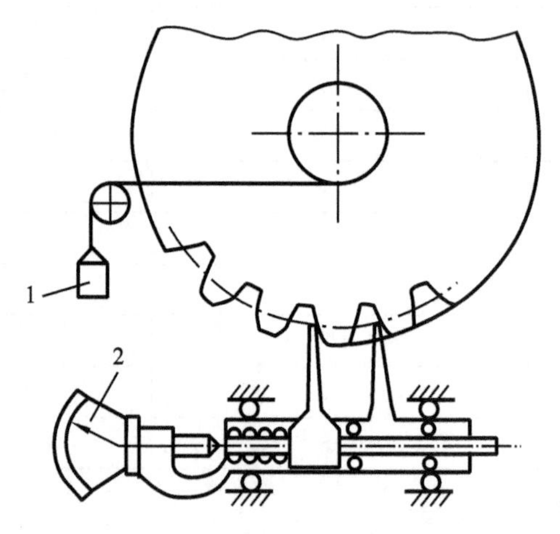

图 10-40 用万能测齿仪测量齿距

1—重锤;2—指示器

四、测量步骤

(1) 按前述方法安装好被测齿轮,并调整好仪器测量爪与工件的相对位置。

(2) 逐齿测出各齿距的相对偏差 $f_{pt相对i}$,并记入表 10-4 第二列中。

(3) 数据处理。

① 计算法。

将测得的 $f_{pt相对i}$ 逐齿累加,算出各齿的齿距相对累积偏差($\sum_{i=1}^{i} f_{pt相对i}$),记入表内第三列。

计算基准齿距对其公称值的偏差 k 值。因第一个齿距是任意选取的,它也是有误差的。假设它与公称值的偏差为 k,则以后每测一齿都引入了该偏差值。k 值为各齿距偏差的平均值,可按式(10-27)计算

$$k = \sum_{i=1}^{z} f_{pt相对i}/z = \frac{6}{12}\ \mu m = 0.5\ \mu m \tag{10-27}$$

计算单个齿距偏差 f_{pt}。各齿距相对偏差减去 k 值即得到各齿齿距偏差值,记入表内第四列。其中绝对值最大者即为该齿轮的单个齿距偏差,本例中 $f_{pt}=+3.5\ \mu m$。

求齿距累积总偏差 F_p。将各齿齿距偏差逐齿累积求出各齿齿距累积偏差 F_{pk},记入表内第五列,其中最大值 F_{pkmax} 与最小值 F_{pkmin} 之代数差即为 F_p。

$$F_p = F_{pkmax} - F_{pkmin} = [+3-(-8.5)]\ \mu m = +11.5\ \mu m \tag{10-28}$$

按相应公差表查出单个齿距极限偏差($\pm f_{pt}$)及齿距累积总偏差(F_p)值,作出该齿轮的适用性结论。

② 作图法。

如图 10-41 所示，图中横坐标代表齿序，纵坐标代表齿距相对累积偏差 $\sum_{i=1}^{i} f_{\text{pt相对}i}$，连接各误差点得误差折线。连接首、尾两点得直线 $0 \sim z$，过误差折线最高点和最低点作平行于 $0 \sim z$ 线的两条平行线，则这两条平行线间在纵坐标方向上的距离即为齿距累积总偏差 F_p，经测量得 $F_p = 11.5\ \mu\text{m}$。

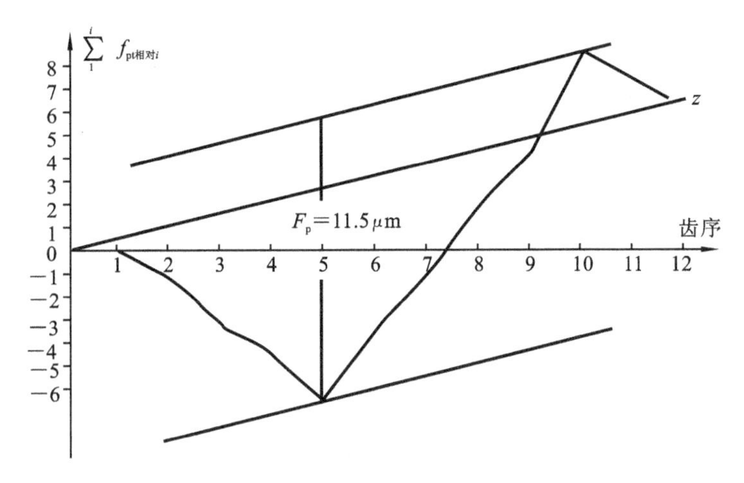

图 10-41　齿距相对累积误差折线图

五、思考题

(1) 为什么要测量齿轮单个齿距偏差与齿距累积总偏差?

(2) 两种方法中哪种齿距测量方法比较好? 为什么?

实验 14　齿轮径向跳动的测量

一、实验目的

(1) 了解测量齿轮径向跳动的意义。

(2) 掌握测量齿轮径向跳动的方法。

二、实验内容

用齿轮径向跳动检查仪测量齿轮的径向跳动。

三、测量原理及测量仪器

齿轮径向跳动 F_r 为测头(球形、圆柱形、砧形)相继置于每个齿槽内时，从它到齿轮轴线的最大和最小径向距离之差。检查中，测头在近似齿高中部与左右齿面接触，在齿轮回转一周过程中，测头相对于齿轮轴线的最大变动量。它表示齿圈相对于齿轮回转轴线的径向偏心大小，是反映齿轮运动精度的指标之一。齿轮径向跳动 F_r 可在齿轮径向跳动检查仪、万能测齿仪以及普通偏摆检查仪上进行测量。本实验采用径向跳动检查仪来进行测量。

图 10-42 是齿轮径向跳动检查仪结构及测量示意图，被测齿轮心轴由两顶尖支撑，指示表架 6 可使指示表 9 沿立柱升降并能绕水平轴摆动，指示表的分度值是 0.001 mm，该仪器可测

量模数为 0.3～5 mm 的齿轮。

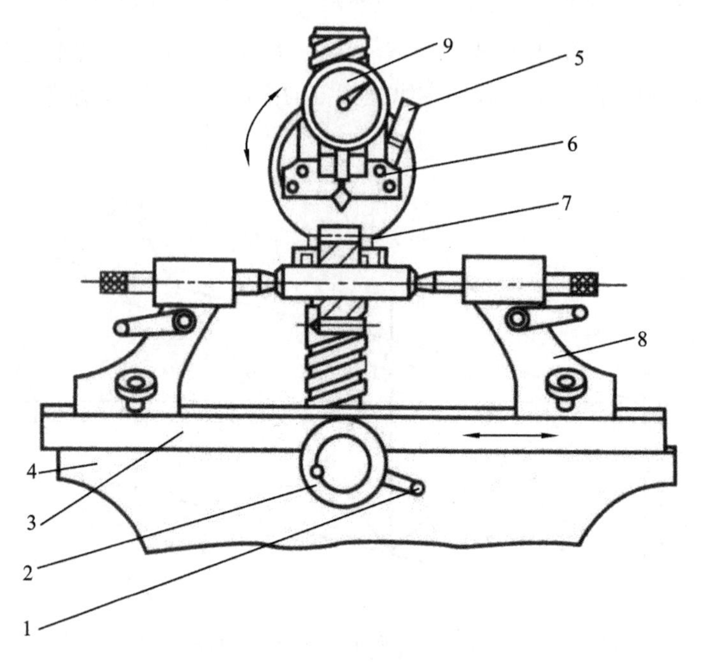

图 10-42 齿轮径向跳动检查仪

1—手柄；2—手轮；3—滑板；4—底座；5—提升手柄；6—指示表架；7—调节螺母；8—顶尖座；9—指示表

为了测量各种不同模数的齿轮，仪器通常备有不同直径的球形测量头，也有 V 形或锥形测量头，锥角为40°，如图 10-43 所示。为保证测量头在分度圆附近与齿面接触，测头直径按 $d = 1.68m$ 选取（m 为齿轮模数）。

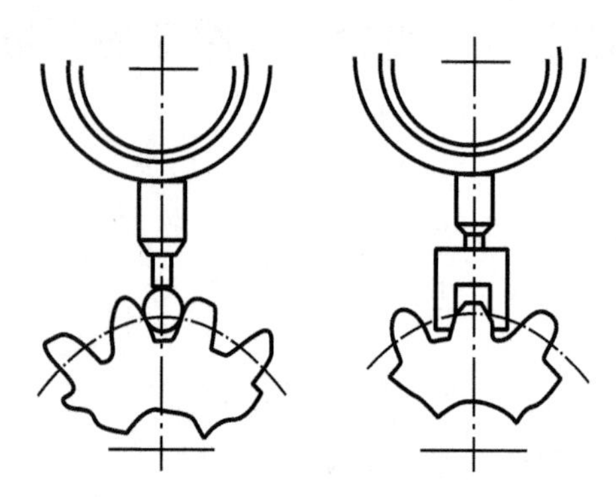

图 10-43 测量头形状

对于标准直齿轮（压力角为20°），球形测量头直径可根据被测齿轮模数由表 10-5 来选择。

表 10-5 测量头直径

模数/mm	0.3	0.5	0.7	1	1.25	1.5	1.75	2	3	4	5
测量头直径/mm	0.5	0.8	1.2	1.7	2.1	2.5	2.9	3.3	5	6.7	8.3

四、测量步骤

（1）根据被测齿轮模数选择球形测量头直径，并装入指示表测量杆下端。

(2) 将被测齿轮和心轴装在仪器两顶尖上，应能自由转动，不许有窜动。

(3) 调整指示表架使指示表下的测量头与齿槽内的齿面双面接触，将指针调到零点附近，然后转动表盘使指针对零。

(4) 逐齿测量一圈，每测一齿便抬起提升手柄 5(见图 10-42)，使测量头离开齿面，再转动一齿继续测量，依次记录测量读数，测完一圈后所测读数的最大值与最小值之差，即为所测齿轮的齿轮径向跳动 F_r。

(5) 将齿轮径向跳动 F_r 与被测齿轮的齿轮径向跳动公差 F_r 进行比较，判断其合格性。

五、思考题

(1) 产生齿轮径向跳动的主要原因是什么？它对齿轮传动有何影响？

(2) 为什么不同模数的齿轮，测量时要选用不同直径的测量头？

实验 15　齿轮齿廓总偏差 F_α 的测量

一、实验目的

(1) 了解齿轮渐开线齿廓总偏差(即齿形误差)的测量原理，并掌握其测量方法。

(2) 加深对齿廓偏差定义的理解。

二、实验内容

用单盘式渐开线检查仪测量齿廓总偏差 F_α。

三、测量原理及测量仪器

图 10-44 为单盘式渐开线检查仪的原理图。被测齿轮 1 和可换摩擦基圆盘 2 装在同一心轴上。基圆盘的直径等于被测齿轮的基圆直径。基圆盘以一定的压力压在直尺 3 上。当转动手轮 6 使滑板 8 移动时，直尺 3 便与基圆盘 2 作纯滚动。在滑板 8 上装有杠杆 5，它的测量头 4 与被测齿廓接触。它们的接触点刚好调整在基圆盘 2 与直尺 3 相接触的平面上。当基圆盘 2 与直尺 3 作无滑动的滚动时，测量头 4 相对于基圆盘 2 的运动轨迹为理论渐开线。杠杆 5 的另一端与指示表 7 接触。若被测齿廓与理论齿廓不符合，测量头相对直尺 3 就产生偏移，这就是齿廓偏差。这一微小的位移通过杠杆 5 由指示表 7 读出。

图 10-45 为单盘式渐开线检查仪的外形图。在仪器底座 2 上装有横向拖板 5 和纵向拖板 9，转动手轮 1 和 10，拖板 5 和 9 分别在仪器底座 2 的横向导轨和纵向导轨上移动。在横向拖板 5 上装有直尺 7。在纵向拖板 9 的心轴上装上被测齿轮 12 和基圆盘 8。在压缩弹簧的作用下，基圆盘 8 和直尺 7 紧密接触。在横向拖板 5 上装有测量头 14，它的微小位移量通过杠杆 4，由指示表 15 指示出来。被测齿廓的展开角由刻盘 11 读出。直尺 7 可借调节螺钉 6 作横向微小移动。测量头 14 的横向位置由横向位置标志 3 指示出来。

四、测量步骤

(1) 旋转手轮 1，移动拖板 5，使杠杠 4 的摆动中心对准底座背面的标志 3。

(2) 调整测量头 14 的端点，使其恰好位于直尺和基圆相切的平面上。调整时，在仪器的直尺和基圆盘之间夹紧一平面样板或长量块，调节测头的端点，使其正好与平面样板接触，并

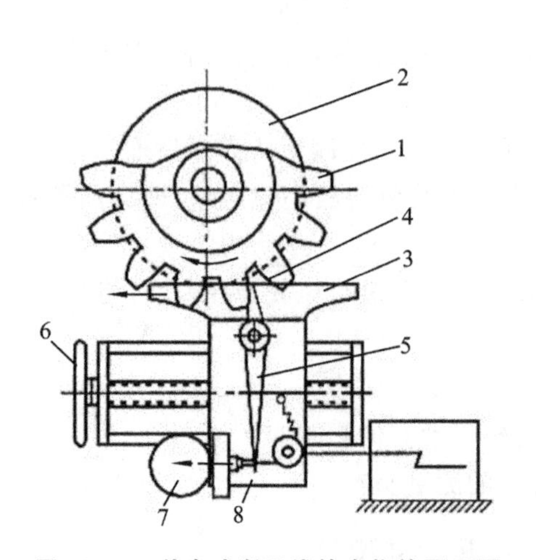

图 10-44　单盘式渐开线检查仪的原理图

1—被测齿轮；2—基圆盘；3—直尺；4—测量头；5—杠杆；6—手轮；7—指示表；8—滑板

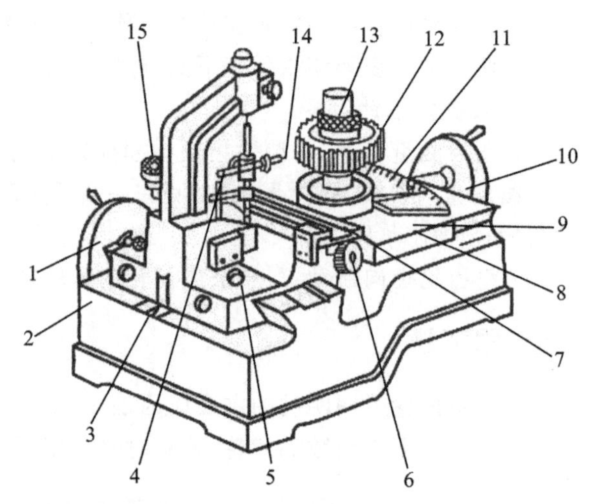

图 10-45　单盘式渐开线检查仪的外形图

1,10—手轮；2—底座；3—横向位置标志；4—杠杆；5—横向拖板；6—调节螺钉；7—直尺；8—基圆盘；9—纵向拖板；11—刻度盘；12—被测齿轮；13—压紧螺母；14—测量头；15—指示表

使测头刃口侧面大致处于垂直方向，然后拧紧锁紧螺母(见图 10-46)。

(3) 调整测量头的端点，使它正好位于直尺的工作面与垂直于直尺工作面并通过基圆盘中心的法平面的交线上。调整时，如图 10-46(b)所示，将仪器上的展开角指针用夹子固定在刻度盘的零位上。将缺口样板安装在仪器心轴上，使测头的端点与缺口样板的缺口表面接触。旋转手轮 10，纵向移动缺口样板，若指示表的示值不变，则表示测头位于要求的位置上，若指示表示值有变动，则旋转手轮 10，使基圆盘与直尺接触，并保持一定压力。松开夹子，调节螺钉 6，使直尺带动缺口样板作微小回转，直到纵向移动缺口样板而指示表示值不变为止。再用夹子夹紧，记下刻度盘的读数，然后将指示表调至零位。

(4) 取下缺口样板，旋转手轮 10，使直尺与基圆盘压紧。松开夹子，转动手轮 1，调整测量

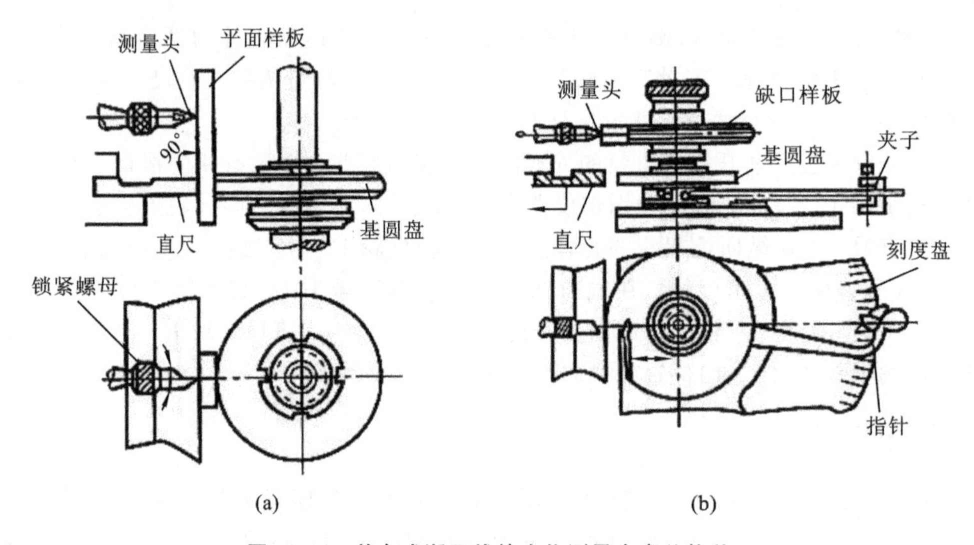

图 10-46　单盘式渐开线检查仪测量齿廓总偏差

起始展开角 φ_e，并记下刻度盘的读数(见图 10-46)。

(5) 装上被测齿轮，使测量头与被测齿面接触，用手微动齿轮，并使指示表的被测示值再回到零位。然后用压紧螺母 13 固紧被测齿轮。

(6) 开始测量。旋转手轮 1，移动横向拖板 5 上的直尺 7，通过直尺与基圆盘间的摩擦，带动被测齿轮转动。按展开角间隔 $\Delta\varphi$，从起测点到终测点，逐点测量。在每测点上，指示表 15 的示值即为与刻度盘所示展开角 φ_i 相对应的局部齿廓偏差。直到展开角达到测量终止展开角 φ_a，测量结束。指示表的最大读数差即为所测齿廓的齿廓总偏差。

在齿轮圆周上，每隔90°测一齿，每齿测左右齿廓。取其中最大值作为该齿轮齿廓总偏差。

(7) 从相应公差表中查出齿廓总公差，对被测齿轮作出适用性结论。

五、思考题

(1) 齿廓偏差对齿轮传动有何影响?

(2) 测量齿廓偏差时，为何要调整测量头端点的位置? 如何调整?

实验 16　齿轮螺旋线总偏差 F_β 的测量

一、实验目的

(1) 了解测量齿轮螺旋线总偏差的意义。

(2) 掌握测量齿轮螺旋线总偏差的方法。

二、实验内容

齿轮螺旋线总偏差的测量。

三、测量原理及测量仪器

齿轮螺旋线总偏差 F_β 是指在计值范围 L_β 内，包容实际螺旋线迹线的两条设计螺旋线迹线间的纵坐标距离，如图 10-47 所示，图中Ⅰ为基准面，Ⅱ为非基准面，b 为齿宽或两端倒角之间的距离。该项目在旧标准中称为齿向误差。新标准考虑到螺旋线偏差对齿轮接触精度的影响，将螺旋线总偏差分为螺旋线形状偏差 $f_{f\beta}$ 和螺旋线倾斜偏差 $f_{H\beta}$。

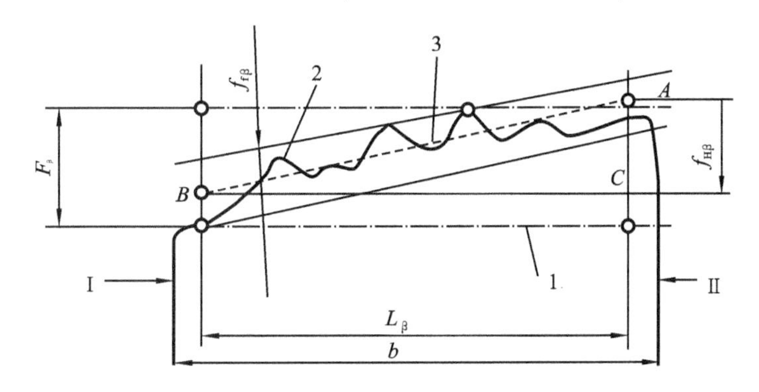

图 10-47　螺旋线偏差展开图

1—设计螺旋线迹线；2—实际螺旋线迹线；3—平均螺旋线迹线

圆柱齿轮螺旋线偏差的测量方法有展成法和坐标法两种。

1. 展成法

展成法的测量仪器有单盘式渐开线螺旋线检查仪、分级圆盘式渐开线螺旋线检查仪、杠杆圆盘式万能渐开线螺旋线检查仪和导程仪等。展成法测量原理如图 10-48 所示。

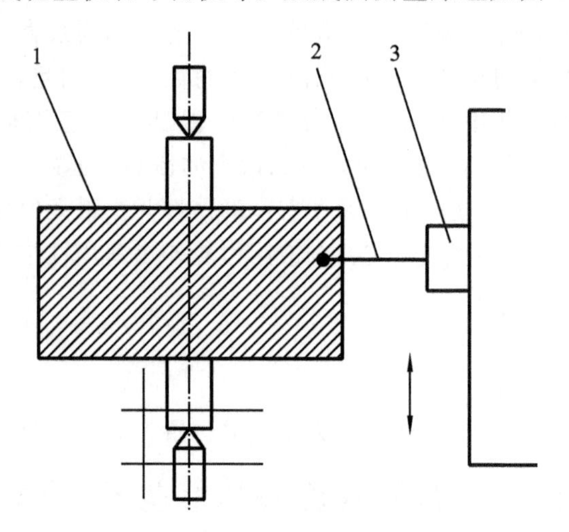

图 10-48 展成法测量原理图

1—被测齿轮；2—测量头；3—测量头滑架

以被测齿轮回转轴线为基准，通过精密传动机构实现被测齿轮 1 回转和测量头 2 沿轴向移动，以形成理论的螺旋线轨迹。把实际螺旋线与理论螺旋线轨迹进行比较，将其差值输入记录器，绘出螺旋线偏差曲线，在该曲线上按偏差定义取出 F_{β}、$f_{f\beta}$ 和 $f_{H\beta}$ 。

2. 坐标法

坐标法的测量仪器有螺旋线样板检查仪、齿轮测量中心和三坐标测量机等。其测量原理是以被测齿轮回转轴线为基准，通过测角装置(如圆光栅、分度盘)和测长装置(如长光栅、激光)测量螺旋线的回转坐标和轴向坐标，将被测螺旋线的实际坐标位置与理论坐标位置进行比较，其差输入记录器绘制出螺旋线偏差曲线，即可在曲线上按定义求得 F_{β}。

本实验利用展成法测量斜齿轮的螺旋线偏差。

四、测量步骤

(1) 将被测齿轮装入齿轮螺旋线测量仪(见图 10-49)。

(2) 以被测齿轮回转轴线为基准，由精密机械传动机构带动滑架运动实现被测齿轮回转和测量滑架上的测头沿轴向移动，以形成理论的螺旋线轨迹。测头沿此理论螺旋线测量取值。

(3) 将理论螺旋线与齿轮齿面实际螺旋线进行比较，测出螺旋线偏差，并由指示表示出，或由记录器画出偏差曲线，如图 10-47 所示。

(4) 按定义从偏差曲线上求出 F_{β}、$f_{f\beta}$ 和 $f_{H\beta}$ 。

(5) 将被测齿轮的螺旋线偏差与螺旋线总公差进行比较，判断其合格性。

对于直齿轮齿向偏差的测量，可采用简易方法。将齿轮连同测量心轴安装在具有前后顶尖的仪器上，再将直径大致为 $1.68m_n$ 的测量棒分别放入齿轮相隔 90°位置的齿槽内，然后在测量棒两端打表，测得的两次示值差近似地为齿向偏差。

五、思考题

(1) 产生螺旋线偏差的主要原因是什么？它对齿轮传动有何影响？

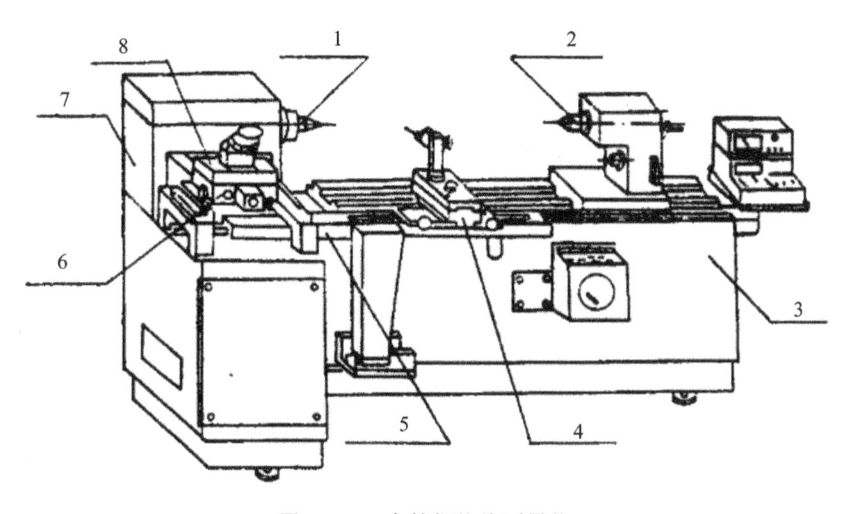

图 10-49　齿轮螺旋线测量仪

1—主轴顶尖；2—尾架顶尖；3—仪座；4—测量滑架；5—纵向滑架；
6—横向滑架；7—主轴箱；8—光学头座

（2）为减小螺旋线偏差，可采取哪些措施？

样卷一及标准答案

样　卷　一

一、单项选择题(每小题2分,共20分)

1. 表面粗糙度 Ra 的基本系列为0.012,0.025,0.050,0.1,0.2,…这些数据属于优先数系的(　　)系列。

A. R5　　B. R10　　C. R20　　D. $R_{10/3}$

2. 表示过渡配合松紧变化程度的特征值是(　　)。

A. 最大间隙和最小过盈　　B. 最大间隙和最大过盈

C. 最大过盈和最小间隙　　D. 最小间隙和最小过盈

3. 游标卡尺主尺的刻线间距为(　　)。

A. 0.5 mm　　B. 0.8 mm　　C. 1 mm　　D. 2 mm

4. 公称尺寸为100 mm的量块,若其实际尺寸为100.001 mm,用此量块作为测量的基准件,将产生0.001 mm的测量误差,此误差性质是(　　)。

A. 系统误差　　B. 随机误差　　C. 粗大误差　　D. 不能确定

5. 在图样上标注几何公差,当公差值前面加注 ϕ 时,该被测要素的公差带形状为(　　)。

A. 两同心圆　　B. 两同轴圆柱　　C. 圆形或球形　　D. 圆形或圆柱形

6. 轴心线的直线度公差带形状一般是(　　)。

A. 两平行直线　　B. 圆柱面　　C. 一组平行平面　　D. 两组平行平面

7. 孔的最大实体尺寸是其(　　)。

A. 公称尺寸　　B. 上极限尺寸　　C. 下极限尺寸　　D. 局部尺寸

8. 在最新标准中,表面结构评定参数 Rz 的含义为(　　)。

A. 轮廓的算术平均偏差　　B. 轮廓的微观不平度十点高度

C. 轮廓的最大高度　　D. 轮廓单元的平均高度

9. 检验孔的光滑极限量规称为(　　)。

A. 塞规　　B. 通规　　C. 止规　　D. 卡规或环规

10. 关于滚动轴承,下列说法正确的是(　　)。

A. 内圈与轴径采用基轴制配合　　B. 外圈与基座孔采用基孔制配合

C. 内径的公差带分布在零线上方　　D. 内圈与轴径一般采用过盈配合

二、判断题(正确的打"√",错误的打"×",每小题1分,共10分)

1. 为使零件的几何参数具有互换性,必须把零件的加工误差控制在给定的范围内。　(　　)

2. 不完全互换性是指一批零件中,一部分零件具有互换性,而另一部分零件必须经过修配才有互换性。　(　　)

3. 圆度的公差带是个圆。　(　　)

4. 一般情况下，优先选用基轴制。 (　　)

5. 间接测量就是使用量块的公称尺寸。 (　　)

6. 在相对测量中，测量器具的示值范围，应大于被测尺寸的公差。 (　　)

7. 加工误差只有通过测量才能得到，所以加工误差实质上就是测量误差。 (　　)

8. 现代科学技术虽然很发达，但要把两个尺寸做得完全相同是不可能的。 (　　)

9. 实际尺寸就是真实的尺寸，简称真值。 (　　)

10. 一般说来，测量误差总是小于加工误差。 (　　)

三、简答题(每小题 5 分，共 20 分)

1. 尺寸的偏差与公差有何区别？并举例说明。

2. 举例说明测量范围与示值范围的区别。

3. 什么是几何误差？它对零件的使用功能有何影响？

4. 简述圆度和径向圆跳动的异同点。

四、(共 10 分)已知公称尺寸为 $\phi30$ 的某孔、轴配合的最小间隙为 +0.065 mm，孔的上极限偏差为 +0.033 mm，轴的上极限偏差为 −0.065 mm，轴的公差为 0.033 mm，试计算配合的最大间隙和配合公差，并绘出其公差带图。

五、(共 10 分)对某零件等精度测量 10 次，得到测量值如下：

15.043　15.039　15.043　15.042　15.039

15.040　15.039　15.040　15.042　15.043

若测量不存在变值系统误差，试写出最终的测量结果。(要求：应有详细的中间计算过程和计算公式)。

六、(共 15 分)试按附图 1 所示的几何公差要求，填写附表 1。

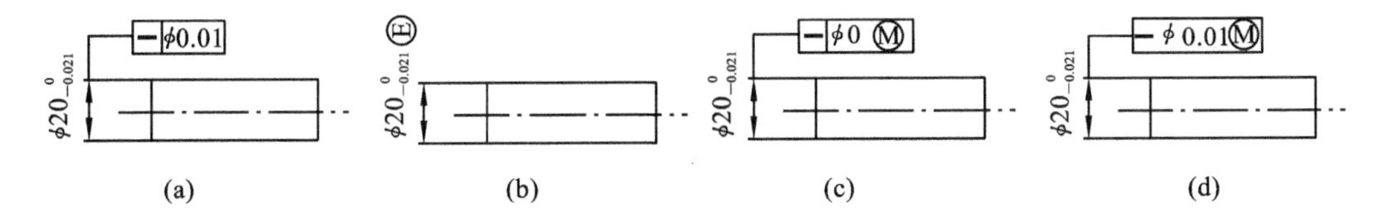

附图 1

附表 1

图样序号		(a)	(b)	(c)	(d)
采用的公差原则					
理想边界及边界尺寸/mm					
允许最大形状误差值/mm	$d_a=d_{up}$时				
	$d_a=d_{low}$时				
局部尺寸合格范围/mm					

七、(共 15 分)某配合的公称尺寸为 $\phi40$ mm，要求 $X_{max}=+0.014$ mm，$Y_{max}=-0.026$ mm，试选择该配合，并进行校核计算。

样卷一标准答案

一、选择题

1. D　2. B　3. C　4. A　5. D　6. B　7. C　8. C　9. A　10. D

二、判断题

1. √　2. √　3. ×　4. ×　5. ×　6. √　7. ×　8. √　9. ×　10. √

三、简答题

1. 偏差是代数值，可为正值、负值或零；而公差是绝对值，不能为负值或零。当公称尺寸一定时，公差反映加工难易程度、表示制造精度的要求；而偏差表示偏离公称尺寸的多少，与加工难易程度无关。(3分)如对于 $\phi 25_{-0.033}^{-0.020}$ mm，其上、下两个极限偏差分别为－0.020 mm 和－0.033 mm，而其公差为＋0.013 mm。(2分)

2. 测量范围是指计量器具所能测量零件的最小值到最大值的范围；示值范围是指由计量器具所显示或指示的最小值到最大值的范围。(3分)某一光学比较仪的测量范围为 0～180 mm，其示值范围只是±0.1 mm。(2分)

3. 几何误差是被测提取要素对其拟合要素的变动量。(3分)它影响零部件的配合要求、自由装配性、工作精度和寿命。(2分)

4. 圆度和径向圆跳动的公差带均为两同心圆之间的区域。(2分)但圆度公差是形状公差，没有基准，其公差带位置是浮动的；径向圆跳动是位置公差，有基准要求，其公差带的两同心圆圆心在基准轴线上(3分)。

四、解

因为　$es=-0.065;\quad IT=0.033;\quad IT=es-ei$

所以　$ei=es-IT=-0.065-0.033=-0.098$　(2分)

因为　$ES=+0.033;\quad X_{min}=+0.065;\quad X_{min}=EI-es$

所以　$EI=X_{min}+es=+0.065-0.065=0$　(2分)

$$T_s=es-ei=-0.065+0.098=0.033$$

$$T_h=ES-EI=+0.033-0=0.033$$

则有

(1) 配合的最大间隙为

$$X_{max}=ES-ei=+0.033+0.098=+0.131$$　(2分)

(2) 配合公差为

$$T_f=T_h+T_s=0.033+0.033=0.066$$　(2分)

(3) 公差带图如附图 2 所示。　(2分)

五、解　(1) 求出算术平均值为

$$\overline{L}=\frac{\sum_{i=1}^{10}L_i}{10}=15.041$$　(1分)

(2) 求残余误差 $\nu_i=L_i-\overline{L}$（见附表 2）。　(2分)

(3) 估计单次测量的标准偏差

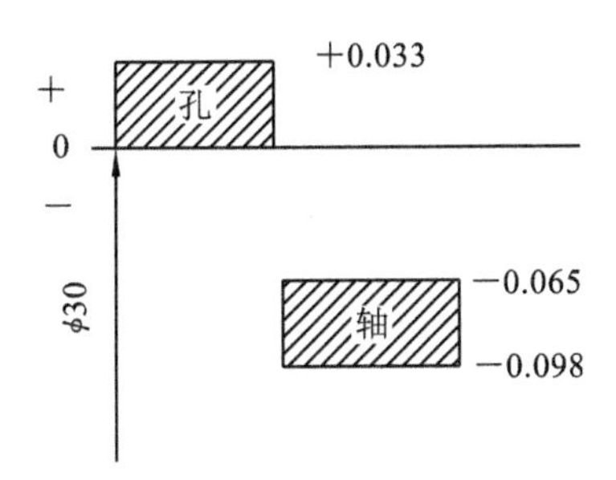

附图 2

$$\hat{\sigma}=\sqrt{\frac{\sum_{i=1}^{10}\nu_i^2}{n-1}}=\sqrt{\frac{0.000028}{10-1}}\text{ mm}=0.00176\text{ mm} \qquad (2分)$$

(4) 因为 $|\nu_i|<3\sigma$，所以测量中不存在粗大误差。 (1分)

(5) 求出算术平均值的标准偏差为

$$\sigma_{\overline{L}}=\frac{\sigma}{\sqrt{n}}=\hat{\sigma}/\sqrt{n}\approx\frac{0.00176}{\sqrt{10}}\text{ mm}=0.000558\text{ mm} \qquad (2分)$$

(6) 并写出最终的测量结果。

$$\overline{L}\pm 3\sigma_{\overline{L}}=15.041\pm 0.0017 \qquad (2分)$$

附表 2

序号	测量值 L_i	残余误差 ν_i	残余误差平方值 ν_i^2
1	15.043	+0.002	0.000004
2	15.039	−0.002	0.000004
3	15.043	+0.002	0.000004
4	15.042	+0.001	0.000001
5	15.039	−0.002	0.000004
6	15.040	−0.001	0.000001
7	15.039	−0.002	0.000004
8	15.040	−0.001	0.000001
9	15.042	+0.001	0.000001
10	15.043	+0.002	0.000004
	$\overline{L}=15.041$	$\sum_{i=1}^{10}\nu_i=0$	$\sum_{i=1}^{10}\nu_i^2=0.000028$

六、解　公差要求如附表 3 所示。

附表 3

图样序号	(a)	(b)	(c)	(d)
采用的公差原则	独立原则	包容要求	最大实体要求	最大实体要求
理想边界及边界尺寸/mm	—	最大实体边界 ϕ20	最大实体实效边界 ϕ20	最大实体实效边界 ϕ20.01

续表

图样序号		(a)	(b)	(c)	(d)
允许最大形状误差值/mm	$d=d_{up}$时	0.01	0	0	0.01
	$d=d_{low}$时	0.01	0.021	0.021	0.031
局部尺寸合格范围/mm		ϕ19.979～ϕ20	ϕ19.979～ϕ20	ϕ19.979～ϕ20	ϕ19.979～ϕ20

七、解　　$T_f = X_{max} - Y_{max} = [0.014-(-0.026)]$ mm $= 0.04$ mm　　(2分)

$T_f = T_h + T_s = 0.04$ mm　孔比轴低一级

因为　　IT6=0.016 mm，IT5=0.011 mm，IT7=0.025 mm，

所以孔选 IT6，轴选 IT5。　　(2分)

选取基孔制，过渡配合，　　(2分)

则孔的基本偏差代号为 H6。　　(2分)

$$ei = T_h - X_{max} = (0.016-0.014)\ \text{mm} = 0.002\ \text{mm}$$

所以轴的基本偏差代号为 k5，　　(2分)

轴的另一基本偏差 $es=ei+T_s=(0.002+0.011)$ mm$=0.013$ mm

校验：　　最大间隙 $X_{max}=[+0.016-(+0.002)]$ mm$=0.014$ mm　　(2分)

最大过盈 $Y_{max}=[0-(+0.013)]$ mm$=-0.013$ mm　　(2分)

满足要求，即 ϕ40H6/k5。　　(1分)

对本标准答案做需要作如下说明。

上题的解答是在两个前提下进行的：① $T_f \geqslant T_h + T_s$，这里 $T_f = X_{max} - Y_{max} = 0.04$ mm 代表了使用要求，T_h、T_s 代表了按使用要求确定的孔、轴的制造要求；②在常用尺寸段，一般采用孔的公差等级比轴低一级。根据这两个原则，因此本标准答案中实际选择的孔、轴公差之和为 0.027 mm，远小于 0.040 mm。如果选择轴的公差等级为 IT6，即配合为 ϕ40H6/k6，其最大间隙为 $X_{max}=0.014$ mm，最大过盈为 $Y_{max}=-0.018$ mm，也符合要求，还能够降低轴的制造要求，显然比 ϕ40H6/k5 更合理。

另外，如果 IT6+IT7=0.041 mm 略大于要求的 0.040 mm，若孔选 IT7、轴选 IT6，由此确定配合为 ϕ40H7/m6。其 $Y_{max}=-0.025$ 未超出要求的 -0.026 mm，$X_{max}=0.016$ mm 仅略大于要求的 0.014 mm。考虑到实际零件尺寸分布的统计分布特征，在大批量生产中，实际的尺寸分布可认为是正态分布。假设所有的轴都处于下极限尺寸，那么只有实际孔的尺寸大于 0.023 mm 时，最大间隙才会大于 0.014 mm，假设过程能力指数 $C_p=1$，那么这个大于 0.014 mm 的概率仅为 0.587%。实际上从统计规律看，轴的尺寸处于下极限尺寸的概率很小。在机械加工中，C_p 往往要求大于 1.33，这使得轴接近下极限尺寸、孔接近上极限尺寸的概率变得更小，因此随机抽取的孔、轴组成配合时，其配合实际的间隙超出 0.014 mm 的概率只能以百万分之一来计，因此在实际设计时可以选择配合为 ϕ40H7/m6。

本题也说明了另外一个问题，极限间隙或极限过盈反映了使用要求，因此在查表确定标准公差和基本偏差时，往往不可能找到完全和要求一致的答案，这时候需要根据具体的使用场合和企业自身的生产工艺水平灵活掌握，不能一味地照搬书本上的原则。

样卷二及标准答案

样 卷 二

一、单项选择题(每小题 2 分,共 20 分)

1. 国家标准规定的从 IT6 开始的公差等级系数 10,16,25,40,64,100,…属于优先数系的(　　)系列。

A. R5　　B. R10　　C. R20　　D. R40

2. ϕ45H8/f7 的孔与轴配合,其配合公差为(　　) mm。

A. 0.025　　B. 0.014　　C. 0.039　　D. 0.064

3. 下列说法错误的是(　　)。

A. 量块按检定精度分为 1、2、3、4、5 等

B. 按等使用量块比按级使用量块精度高

C. 按等使用量块,就是直接按标在量块上的工作长度使用

D. 量块按级使用时,其工作尺寸包含制造误差

4. 在万能工具显微镜上用影像法测量圆弧样板的曲率半径,属于(　　)。

A. 直接测量　　B. 间接测量　　C. 相对测量　　D. 绝对测量

5. 轴的最大实体尺寸是其(　　)。

A. 公称尺寸　　B. 上极限尺寸　　C. 下极限尺寸　　D. 局部尺寸

6. 检验轴的光滑极限量规称为(　　)。

A. 卡规　　B. 通规　　C. 塞规　　D. 止规

7. 关于表面粗糙度评定参数的选择,下列说法错误的是(　　)。

A. 受交变载荷的表面,参数值应大些

B. 配合表面的参数值应小于非配合表面

C. 摩擦表面应比非摩擦表面的参数值小

D. 配合质量要求高时,参数值应小些

8. 公差带形状不属于两平行平面之间区域的是(　　)。

A. 平面度　　B. 面对面的平行度

C. 线对面的垂直度　　D. 面对线的倾斜度

9. 影响平键连接配合精度的主要参数为(　　)。

A. 键长　　B. 键宽　　C. 键高　　D. 槽深

10. 生产实际中可用检测(　　)的方法测量同轴度。

A. 圆度　　B. 圆柱度　　C. 径向全跳动　　D. 端面全跳动

二、判断题(正确的打"√",错误的打"×",每小题 1 分,共 10 分)

1. 不经挑选和修配就能相互替换、装配且满足要求的零件,就是具有互换性的零件。(　　)

2. 为实现互换性，零件的公差规定得越小越好。（　）

3. 相互配合的孔和轴，其公称尺寸必须相同。（　）

4. 基本偏差 A～H 的孔与基轴制的轴配合时，其中 H 配合最紧。（　）

5. 不论公差数值是否相等，只要公差等级相同，则尺寸的精度就相同。（　）

6. 测量方法是指测量采用的计量器具、各种辅助设备及测量程序，与测量条件无关。（　）

7. 测量条件一定时，多次测量取平均值的方法可以减弱系统误差对结果的影响。（　）

8. 在满足功能要求的前提下，几何公差项目的选择应尽量选测量简单的项目。（　）

9. 导出要素只能作为基准要素，而不能作为被测要素。（　）

10. 为保证零件的最小壁厚时可选用最小实体要求。（　）

三、简答题（每小题 5 分，共 20 分）

1. 方向公差包括哪几个几何特征项目？

2. 假设两尺寸的真值分别为 100 mm 和 200 mm，用两种方法得到的测量误差分别为 +6 μm和 −8 μm，试评定哪种方法测量精度高，并说明其理由。

3. 什么是测量？一个完整的测量过程包括哪几个要素？

4. 简述圆柱度和径向全跳动的异同点。

四、（共 10 分）试计算孔 ϕ50H7 与轴 ϕ50j6 配合的极限间隙（或过盈）和配合公差，绘制公差带图，并指明配合性质。

五、（共 10 分）用光学比较仪测量某一轴同一部位的直径，组合量块尺寸为 32.950 mm，仪器观测值（单位：μm）为 3.2，3.1，3.4，3.5，3.0，3.5，3.6，3.1，3.5，3.1。假设测量结果中没有系统误差和粗大误差，写出该测量的最终测量结果（要求：应有详细的中间计算过程和计算公式）。

六、（共 15 分）如附图 3 所示：

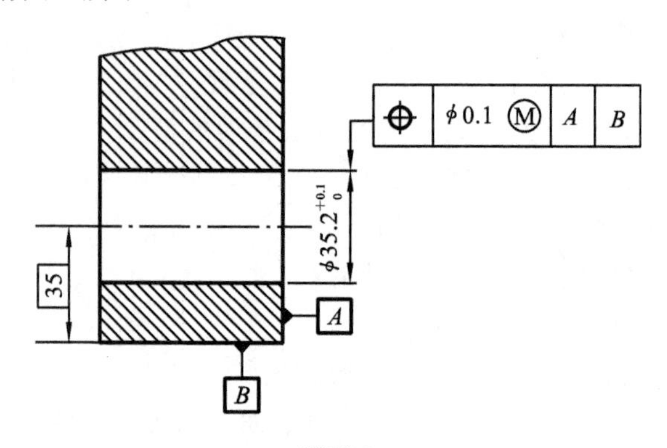

附图 3

（1）说明图中采用的公差原则；

（2）说明 ϕ35.2 mm 内孔面应遵守的理想边界及其尺寸；

（3）当 ϕ35.2 mm 内孔面分别处于最大实体状态与最小实体状态时允许的最大位置度误差；

（4）若一实际零件的内孔形状正确，局部直径为 ϕ35.25 mm，位置度误差为 ϕ0.12 mm，判断该零件合格与否，并说明原因。

七、（共 15 分）某配合的公称尺寸为 ϕ60 mm，要求 X_{max} = +0.045 mm，Y_{max} =

−0.035 mm，试选择该配合。

样卷二标准答案

一、选择题

1. A　2. D　3. C　4. B　5. B　6. A　7. A　8. C　9. B　10. C

二、判断题

1. √　2. ×　3. √　4. √　5. √　6. ×　7. ×　8. √　9. ×　10. √

三、简答题

1. 包括平行度、垂直度、倾斜度、线轮廓度和面轮廓度5个几何特征项目。（每项目1分）

2. 经计算，前者的相对误差为6%，而后者的相对误差为4%（3分）；故后一种方法测量精度高。（2分）

3. 测量是以确定量值为目的的一组操作。（1分）一个完整的测量过程包括测量对象和被测量、计量单位、测量方法、测量准确度。（4分）

4. 圆柱度和径向全跳动的公差带均为两同轴圆柱面之间的区域（1分）；但前者的轴线是浮动的（1分），而后者则要与基准轴线同轴（1分）。因此，径向全跳动既可控制被测圆柱面的圆柱度误差，也可控制被测圆柱面轴线和基准轴线的同轴度误差。（2分）

四、解：查表可得孔轴配合的极限偏差为：$\phi 50\mathrm{H7}(^{+0.025}_{\ \ 0})$（1分），$\phi 50\mathrm{j6}(^{+0.011}_{-0.005})$（1分），由此绘制其公差带图如附图4所示（4分），为过渡配合。（2分）

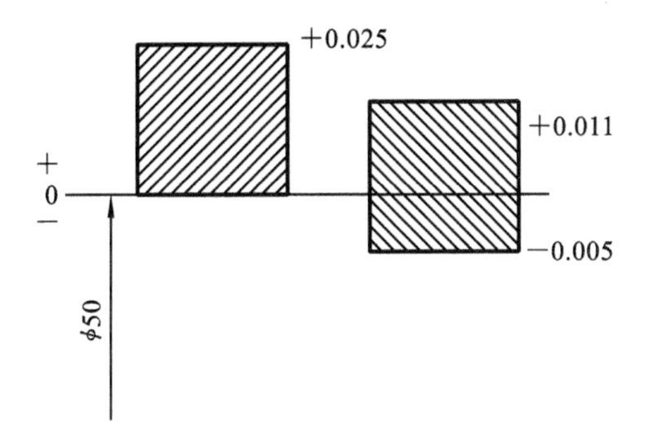

附图 4

其最大间隙为　$X_{\max}=ES-ei=[+0.025-(-0.005)]\ \mathrm{mm}=0.030\ \mathrm{mm}$　（1分）

最大过盈为　$Y_{\max}=EI-es=[0-(+0.011)]\ \mathrm{mm}=-0.011\ \mathrm{mm}$　（1分）

五、解：(1) 求出观测值的算术平均值：

$$\overline{L}=\frac{\sum_{i=1}^{10}L_i}{10}=3.3\ \mu\mathrm{m}\qquad(2分)$$

(2) 观测值的残余误差 $\nu_i=L_i-\overline{L}$，经计算依次为−0.1，−0.2，+0.1，+0.2，−0.3，+0.2，+0.3，−0.2，+0.2，−0.2(μm)。　（2分）

(3) 估计观测值的单次测量的标准偏差：

$$\hat{\sigma}=\sqrt{\frac{\sum_{i=1}^{10}\upsilon_i^{\ 2}}{n-1}}\approx 0.22\ \mu\mathrm{m}\qquad(2分)$$

(4) 求出观测值的算术平均值的标准偏差：

$$\sigma_{\bar{L}}=\frac{\sigma}{\sqrt{n}}\approx\frac{0.22}{\sqrt{10}}\ \mu\mathrm{m}\approx 0.07\ \mu\mathrm{m} \qquad (2\ 分)$$

(5) 写出最终的测量结果：

$$\bar{L}\pm 3\sigma_{\bar{L}}=(32.950\pm 0.00021)\ \mathrm{mm} \qquad (2\ 分)$$

六、(1) 图中采用最大实体要求。(2 分)

(2) $\phi 35.2$ mm 内孔面应遵守的理想边界为最大实体实效边界(MMVB)，其尺寸为 $\phi 35.1$ mm。(4 分)

(3) 当 $\phi 35.2$ mm 内孔面处于最大实体状态时允许的最大位置度误差为 $\phi 0.1$ mm；处于最小实体状态时允许的最大位置度误差 $\phi 0.2$ mm。(4 分)

(4) 当局部直径为 $\phi 35.25$ mm 时，局部直径合格(2 分)，此时允许的最大位置度误差 $\phi 0.15$ mm，大于给定的位置度误差 $\phi 0.12$ mm，故位置度也合格，因而该零件合格。(3 分)

七、解： $T_f = X_{max} - Y_{max} = [+0.045-(-0.035)]\ \mathrm{mm}=0.08\ \mathrm{mm}$ (2 分)

$T_f = T_h + T_s$ 孔比轴低一级

因为 IT7=0.030 mm IT8=0.046 mm，

所以孔选 IT8，轴选 IT7。 (2 分)

选取基孔制，过渡配合。 (2 分)

则孔的基本偏差代号为 H8。 (2 分)

$$\mathrm{ei}= T_h - X_{max} = (0.046-0.045)\ \mathrm{mm} = +0.001\ \mathrm{mm}$$

所以查表选最接近的，轴的基本偏差代号为 k7，ei=+0.002 mm。 (2 分)

轴的另一基本偏差 $\mathrm{es}=\mathrm{ei}+T_s=(+0.002+0.030)\ \mathrm{mm}=0.032\ \mathrm{mm}$

校验： 最大间隙 $X_{max}=[+0.046-(+0.002)]\ \mathrm{mm}=0.044\ \mathrm{mm}$ (2 分)

最大过盈 $Y_{max}=[0-(+0.032)]\ \mathrm{mm}=-0.032\ \mathrm{mm}$ (2 分)

满足要求，故配合选择为 $\phi 60\frac{H8}{k7}$。 (1 分)

参考文献

[1] 唐增宝.机械设计课程设计[M].4版.武汉：华中科技大学出版社，2012.

[2] 王伯平.互换性与测量技术基础学习指导及习题集与解答[M].北京：机械工业出版社，2013.

[3] 周玉凤，茅健，华忆苏.互换性与技术测量学习指导及习题集[M].北京：清华大学出版社，2012.

[4] 齐新丹.互换性与测量技术学习指南及习题指导[M].北京：中国电力出版社，2011.

[5] 尹明娟.互换性与测量技术基础实验指导书[M].北京：清华大学出版社，2012.

[6] 姚彩仙.互换性与技术测量实验[M].武汉：华中科技大学出版社，2012.

[7] 李柱.互换性与测量技术基础(上册)[M].北京：中国计量出版社，1985.

[8] 金嘉奇.几何量设计与检测[M].北京：机械工业出版社，2012.

[9] 王桂成.公差与检测技术[M].北京：高等教育出版社，2011.

[10] 万书亭.互换性与技术测量[M].北京：电子工业出版社，2012.

[11] 周哲波.互换性与技术测量[M].北京：北京大学出版社，2012.

[12] 曹同坤.互换性与技术测量基础[M].北京：国防工业出版社，2012.

[13] 国家质量监督检验检疫总局.GB/T 13924—2008 渐开线圆柱齿轮精度　检验细则[S].北京：中国标准出版社，2008.

[14] 国家质量监督检验检疫总局.GB/Z 18620—2008 圆柱齿轮　检验实施规范[S].北京：中国标准出版社，2008.

[15] 国家质量监督检验检疫总局.GB/T 10095—2008 圆柱齿轮　精度制[S].北京：中国标准出版社，2008.

[16] 国家质量监督检验检疫总局.GB/T 16671—2009 产品几何技术规范　几何公差最大实体要求、最小实体要求和可逆要求[S].北京：中国标准出版社，2009.

[17] 国家质量监督检验检疫总局.GB/T 18779.1—2002 产品几何量技术规范(GPS)　工件与测量设备的测量检验　第1部分　按规范检验合格或不合格的判定规则[S].北京：中国标准出版社，2002.

[18] 国家质量监督检验检疫总局.GBT 1800—2009　产品几何技术规范(GPS)极限与配合[S].北京：中国标准出版社，2009.

[19] 国家质量监督检验检疫总局.GBT 11336—2004　直线度误差检测[S].北京：中国标准出版社，2004.

[20] 国家质量监督检验检疫总局.GBT 11337—2004　平面度误差检测[S].北京：中国标准出版社，2004.